Inhaltsverzeichnis

Aufgaben zu Abschnitt 1 (Grundlagen)

Aufgabe 1.1/1: Computer = Hardware + Software + Firmware
  a) Hardwarekomponenten Geräte (Zentraleinheit und Peripherie) sowie Datenträger.
  b) Programm (WIE ist zu verarbeiten?) als aktive und Daten (WAS wird verarbeitet?) als passive Komponente der Software.
  c) Die Behauptung trifft zu: Die Softwareanforderungen steigen (Beispiel: Gewinn- und Verlustrechnung in Industriebetrieben heute tagtäglich, früher einmal pro Jahr); Kostendegression bei der Chip-Herstellung durch Massenproduktion.
  d) Firmware ist aus der Sicht des Herstellers Software, aus der Sicht des Benutzers hingegen Hardware.
  e) Korrekt, da Information = Daten + Befehle.

Aufgabe 1.1/2: Zur Peripherie:
  a) Eingabe, Verarbeitung, Ausgabe, Speicherung (intern und extern) und Datenerfassung.
  b) Eingabe: Scanner, Tastatur, Magnetbandeinheit.
     Verarbeitung: CPU 8088, 80386, 68000.
     Ausgabe: Bildschirm, COM (Computer Output on Microfilm), Klarschriftbelegdrucker.
     Speicherung: Festplatte, RAM, Diskette.
     Datenerfassung: Diskettenschreiber, Kassettenschreiber, Terminal.
  c) On-line zur Sofortverarbeitung. Off-line zur Stapelverarbeitung bzw. Datensicherung.
  d) Dialoggeräte E/A, Externspeicher E/S/A, Eingabegeräte E, Ausgabegeräte A und Erfassungsgeräte Er.
  e) 3.5": 80 Spuren, 720 KB bzw. 1,4 MB. 5.25": 40 Spuren, 360 KB.
  f) Festplatte: Direktzugriffsspeicher während der Verarbeitung. Magnetband: Sequentieller Speicher zur Datensicherung.

Aufgabe 1.1/3: DV bei Mensch und Computer:
  a) Gedächtnis - RAM, Notizbuch - Platte bzw. RAM-Disk, Nerven - Verbindungskanal, Verstand - CPU bzw. Zentraleinheit, Nachdenken - Lesen, Verhalten - Programm, Lernen - Speichern eines Algorithmus, Vergessen - Löschen, Kreativität - ?, Lesen - Eingeben, Schreiben - Ausgeben, Grips - CPU, Einfall - ?.
  b) Der Computer ist nur im Hinblick auf die Schnelligkeit überlegen.
  c) Expertensysteme, Lisp, Prolog, beschreibende Sprachsysteme.

Aufgabe 1.1/4: Informationsdarstellung im ASCII:
  a) 1 KB = 1024 B, 1 MB = 1024000 B, 1 GB = 1024000000 B.
  b) 720 KB - Diskette, 2 MB - Laser-Card, 20 MB - kleinere Fest-platte, 35 MB - Magnetband, 300 MB - Plattenstapel und 600 MB - CD-ROM.
  c) Da der ASCII als internationaler Standardcode genutzt wird.
  d) Anpassung an den deutschen Zeichensatz nicht durchgeführt.
  e) 00100101 - % als Sonderzeichen, 01011010 - Z als Buchstabe und 00110111 - 7 als Ziffer.
  f) 01001101 - M als druckbares Zeichen und 01100110 - ACK als nicht-druckbares Steuerzeichen.
  g) 00110111, 00101110, 00110000, 01000100, 01001101 binär bzw. 37, 2E, 30, 44, 4D hexadezimal.
  i) Codiert wurde "MULTIblan". Für 98=b sollte 112=P codiert werden. "PLAN" in Großschreibung 80, 76, 65, 78.
  j) "3.9 KM"
  k) 64 mal 10 hoch 2 Zeichen, also 64 mal 1024 bzw. 65536 Zeichen.

Aufgabe 1.3/1: Zum Softwarebegriff:
  a) Änderungsdaten ändern Stammdaten, Bewegungsdaten ändern Be-standsdaten, Ordungsdaten - Mengendaten.
  b) Tools stellen Programmiersprachen bereit, mit denen benutzer-freundlich eingene Anwenderprogramme erstellt werden können.
  c) Dienstprogramme (Utilities), Steuerprogramme und Übersetzerpro-gramme.
  d) Der Interpreter übersetzt anweisungsweise bei jeder Ausführung neu. Der Compiler übersetzt den Quellcode einmalig in den Ob-jektcode als ausführbaren Code.
  e) Text, Grafik, Tabellenkalkulation, Datenbank, Kommunikation, Steuern und Regeln, CAD, Lernen.
  f) Mehrere Funktionen in einem Programmpaket unter einer einheit-lichen Benutzeroberfläche zusammengefaßt.

Aufgabe 1.3/2: Datentypen und Datenstrukturen:
  a) Char: Zeichen des zugrundeliegenden Codes bzw. Zeichensatzes. Zum Beispiel ASCII oder EBCDIC (Großrechner).
  Integer: Ganze Zahlen z.B. zwischen -32767 - 32768.
  Real: Gleitkommazahlen.
  Boolean: Wahrheitswerte True oder False.
  Zeichenketten aus Zeichensatz.
  b) Array mit Elementen gleicher und Record mit Elementen ver-schiedener Typen. String als Zeichenkette. Set als Menge von Ele-menten und File als Datei.

c) Compilierendes System als Annahme: Beim Array muß die Anzahl der Elemente als die Anzahl der zu reservierenden Speicherplätze fest vereinbart werden. Beim File hingegen ist die Anzahl variabel (Verwaltung über Dateizeiger).

e) Obige Angaben beziehen sich auf Pascal.

Aufgabe 1.3/3: Programmstrukturen:

a) Folge, Auswahl, Wiederholung und Unterablauf. Anordnung: Reihung bzw. Schachtelung.

b) Linearer Ablauf - Folge - Geradeausprogramm.
Selektion - Auswahl - Vorwärtsverzweigung - Alternative - Fallabfrage - Entscheidung.
Iteration - zyklischer Ablauf - Schleife - Rückwärtsverzweigung - Wiederholung - Endebedingung.
Prozedur - Unterprogramm.

c) Übersichtlichkeit, Ökonomie (eine Prozedur mehrmals aufgerufen), Teamarbeit (Mitarbeiter entwickeln Prozeduren getrennt).

d) Das teilweise Einschachteln ist nur zur Ausnahmefallbehandlung zulässig (Beispiel: Fehlerroutine, "Notausgang" mit Exit).

Aufgabe 1.3/4: Daten und Programm:

a) Programme als computerverständliche formulierte Algorithmen bilden die aktiven Bausteine. Daten als passive Bausteine.

b) Name, Datentyp und damit verbunden der Wertevorrat und die auf dem Typ zulässigen Operationen.

c) 1. Programmkopf.
2. Vereinbarungsteil (Deklarationen, Variablen einrichten).
3. Anweisungsteil (Anweisungsfolge, Funktionsaufruf
Befehlsausführung (Programmlauf) als Gegenstück zur Programmerstellung

Aufgabe 1.3/5: Datei als Datenstruktur:

a) Überordnung Datenbank - Datei - Datensatz - Datenfeld - Zeichen (Byte).

b) Speicherungsformen: Reihenfolge, direkt, index-sequentiell, verkettet. Zugriffsarten: direkt und sequentiell.

c) Öffnen (Verbindung herstellen zwischen Externspeicher mit der Datei und RAM), Verarbeitung (Datei lesen bzw. beschreiben) und Schließen (Verbindung beenden).

d) Nein: Band als typisch sequentieller Speicher und Platte als typischer Direktzugriffspeicher.

e) Eine Datenbank umfaßt mehrere Dateien.

f) Eine Relation ist eine tabellarisch angeordnete Datei mit konstanter Datensatzlänge (Tabellenzeilen gleich lang), eindeutigem Schlüssel (Datenfeld zu Identifikation des Datensatzes) und varia-

bler Anzahl von Sätzen (Dateizeiger zeigt auf die letzte Tabellen-
zeile).

Aufgabe 1.3/6: Meßdatenauswertung:
   a) Daten im RAM als Array mit Versuchswerten vom Datentyp Real.
Meßdatei auf Diskette als File abgelegt.
   b) Anlegen (Datei leer einrichten), Neu schreiben
(Meßdatenerfassung), Lesen (Daten in den RAM einlesen, um sie
dann statistisch auszuwerten), Bewegen (hier nicht), Ändern (un-
korrekt erfaßten Wert korrigieren), Sortieren (Reihenfolge), Mi-
schen (Teildateien einmischen), Auswählen (Datensatzgruppen bilden), Klassifizieren (statistische Auswertung) und Verdichten.

Aufgabe 1.3/7: Entwicklung von Programmen:
   a) Aufgabenbeschreibung (Problemstellung, Strukturbaum) und Ab-
laufbeschreibung (Problemanalyse und Entwicklung des Algorithmus).
   b) Struktogramm zur Ablauf- und Strukturbaum zur Aufgabenbeschreibung.
   c) Prinzip "Vom Einfachen (Ausgabe der erwarteten Ergebnisse zumeist vorgegeben) zum Schwierigen (Verarbeitung)".
   d) Programmieren im engeren Sinne: Eingabe des Quellcodes, Über-
setzung und Test.
   e) Der Übersetzungslauf entfällt.
   f) Kennzeichen: Top-down-Vorgehen und strukturierter Entwurf.

Aufgabe 1.3/8: Darstellungsformen "Meßdaten":
   a) Datei öffnen
Meßwerte eingeben und speicher
Datei schließen
   b) Datenflußplan zur Erfassung der Daten:

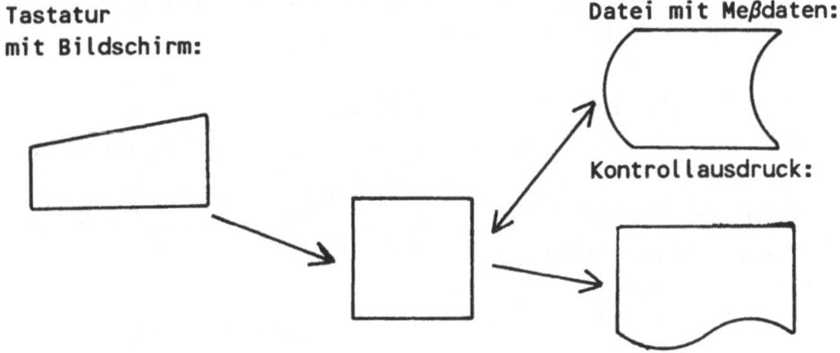

d) Struktogramm: c) PAP:

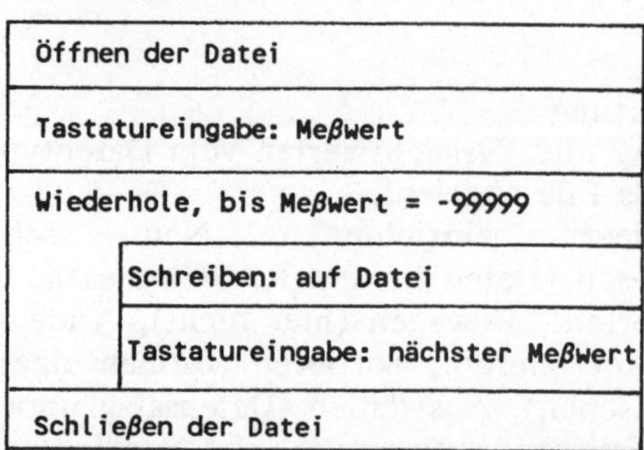

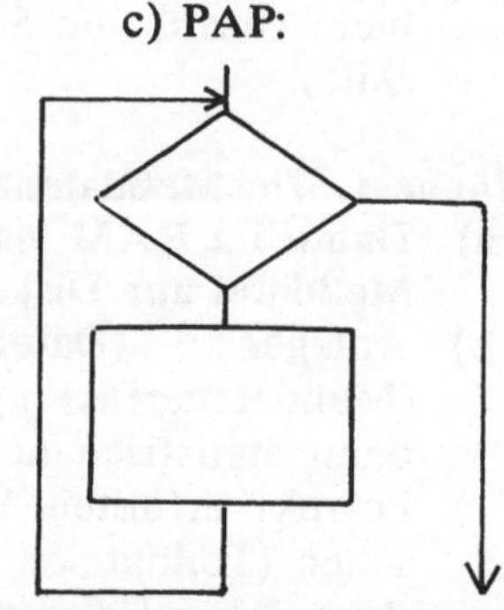

e) Programmiersprache z.B. BASIC, dBASE oder Pascal.

Aufgabe 1.3/9: Entwicklung von Datenbank-Software:
a) Physikalische Dateneinheiten beziehen sich auf den Datenträger, logische Datenträger hingegen auf das jeweilige Programm. Komfort: der Programmierer braucht sich um die phasikalischen Eigenheiten nicht zu kümmern.
b) Anlegen einmalig zu Beginn der Arbeit.

Aufgabe 1.3/10: Entwicklung von Textverarbeitungs-Software:
a) Zeichen, Wort, Zeile, Absatz, Bereich und Text (Seite bzw. Gesamttext).
b) Erfassung: Text computerlesbar eingeben. Bearbeitung: Text bleibt inhaltlich unverändert, wird jedoch in seiner Form verändert. Verarbeitung: Inhaltsänderung.

Aufgabe 1.3/11: Entwicklung von Tabellenkalkulations-Software:
a) Feld bzw. Zelle.
b) Zahl mit dem Attribut "auf zwei Dezimalstellen gerundet".
c) Je nach Anwendungsgebiet.

Aufgabe 1.4/1: Speicher ROM und RAM:
a) ROM = Read Only Memory = Festwertspeicher als Nur-Lese-Speicher.
RAM = Random Access Memory = Direktzugriffspeicher als Schreib-/Lese-Speicher.
b) RAM.
c) Ja, da im ROM zumeist Abläufe abgelegt sind.
d) Computer ohne ROM sind prinzipiell denkbar.
e) Programmable ROM (PROM), Erasable PROM (EPROM) und Electrically EPROM.

  f) Ja.

  g) Speicherbaustein (passiv) und Logikbaustein (aktiv).

Aufgabe 1.4/2: Zur Firmware:
  a) In der Sichtweise des Herstellers kann Firmware als Software aufgefaßt werden, in der Sichtweise des Benutzers stellt sie Hardware dar.
  b) Firmware: Teurer, aber besserer Kopierschutz.
  c) Betriebssystem in Form von Software ist die flexiblere Lösung.

Aufgaben 1.4/3: Mikrocomputer:
  a) Transport von Information (Datenbus), Speicherplatznummern (Adreßbus) und Steuersignalen (Steuerbus).
  b) Bis zu 25 MHz für den 80386 gegenüber z.B. 6 MHz beim 8086. Die Busbreite bestimmt die Anzahl von Zeichen, die in *einem* Schritt bzw. Zeittakt übertragen werden können. Beim 32-Bit-Rechner vergrößert sich der Adreßraum auf theoretisch vier Milliarden Zeichen (4 GB).
  c) Die Wortbreite des externen Datenbusses bestimmt, ob man einen 16-Bit-rechner oder einen 8-Bit-rechner vor sich hat, nicht jedoch die interne Länge von Registern, die Wortbreite des rechenwerks oder die Befehlslänge. Der IBM PC hat zwar 16-Bit-Register, aber nur einen externen 8-Boit-Bus. Aus diesem Grunde müssen die 16 Bits der Register zum Ausgaben und zum Laden durch den Datenbus halbiert bzw. zusammengesetzt werden.
  d) Je nach System.

Aufgabe 1.5/1: Echtzeit- und Stapelbetrieb. Einprogramm- und Mehrprogrammbetrieb, Teilnehmer- und Teilhaberbetrieb, Einplatz- und Mehrplatzsystem.

Aufgabe 1.5/2: Jedes intelligente Meßgerät hat seine eigene CPU, nicht aber das Personal Instrument (PI).

Aufgabe 1.5/3: Datenschutz und Datensicherung:
  a) Personenbezogene, auf Computern gespeicherte Daten.
  b) Recht auf Benachrichtigung, Auskunft, Berichtigung, Löschung und Sperrung. Kontrollpflichten der speichernden Stelle: Zugangs-, Abgangs-, Speicher-, Benutzer-, Zugriffs-, Übermittlungs-, Eingabe-, Auftrags-, Transport- und Organisationskontrolle.
  c) Probleme zum Beispiel bei a3, b5, c6, e2.
  d) Hardware-Sicherung: Schreibring beim Magnetband, Aussparung bzw. Schieber bei der Diskette.
  Software-Sicherung: Prüfbit-Verfahren zum Erkennen von Übertragungsfehlern. Die Quersumme aller Bits im ASCII werden bei

gerader Summe (gerade Parität) um eine führende 1, sonst um eine 0 erweitert. "WM" wird als als 01010111 und 01001101 codiert und zu 001010111 (0, da Quersumme 5) und 101001101 (1, da Quersumme 4) erweitert.

Orgware-Sicherung: Anwendung des Generationenprinzips bzw. Vater-Sohn-Prinzips beim Magnetband als dem klassischen Datenträger zur Datenarchivierung. Der letzte Datenzustand kann stets aus dem Vater-Band und den letzten Änderungen rekonstruiert werden.

Aufgaben zu Abschnitt 2 (MS-DOS)

Aufgabe 2.1/1: Starten von MS-DOS:
  a) Booten von Diskette oder Festplatte.
  b) Drei Dateien: PRO1, pro1 und pRo1 (Groß-/Kleinschreibung wird ignoriert), Pro 1 (Dateiname PRO) sowie PR01 (Null ungleich O).
  c) Aktives Laufwerk.
  d) Interne Befehle.
  e) A: als Standardlaufwerk. In diesem Laufwerk sucht DOS beim Booten zuerst.

Aufgabe 2.2/1: Interne Befehle von MS-DOS:
  a) DIR, ERASE, TYPE, RENAME, B: und COPY.
  b) Laufwerk B:, Dateiname TEST1 und Dateityp PAS.
  c) Wenn A: als aktives Laufwerk eingestellt ist, sind die Bezeichnungen A:DATE4.PRG und DATE4.PRG gleichbedeutend.

Aufgabe 2.2/2: Auswirkung von Befehlen.
  a) Laufwerk B: aktivieren bzw. einstellen mit dem Befehl B:.
  b) Inhaltsverzeichnis von B: anzeigen mit DIR B:.
  c) Alle Dateien, deren Name mit VERSUCH beginnt und die den Dateityp PRO aufweisen, mit DIR VERSUCH?.PRO/W nebeneinander (/W für wide bzw. breit) anzeigen.
  d) V1.PRG nach V1a.PRG kopieren mit COPY V1.PRG V1a.PRG.
  e) Alle PRG-Dateien, die mit V1 beginnen, von A: nach B: kopieren mit COPY A:V1*.PRG B:V1*.PRG.
  f) Alle TXT-Dateien in C: löschen mit ERASE C:*.TXT.
  g) Den ASCII-Text der TXT-Datei ERKL in C: anzeigen mit dem Befehl TYPE C:ERKL.TXT.
  h) Dateien im aktiven Laufwerk nach C: kopieren mit COPY *.* C:.
  i) Die Datei N3 in N4 umbenennen mit RENAME N3 N4. Die Dateien haben keinen Dateityp.

Aufgabe 2.2/3: Zuerst ist A: als aktives Laufwerk eingestellt (mit C:P.PAS wird nun nach A: kopiert). Anschließend ist C: aktiv (nun kopiert P.PAS A: nach A).

Aufgabe 2.2/4: Befehlsangaben.
  a) COPY A:*.* B:
  b) COPY C:K*.* A:
  c) ERASE K???.BAK

d) TYPE A:DD.PAS
e) DIR B:*.PRG
f) RENAME INF7.TXT INF7NEU.DOC

Aufgabe 2.3/1: Externe Befehle
a) Laufwerk C: ist aktiv und enthält den FORMAT-Befehl. Dann sind die Befehle FORMAT A: und C:FORMAT A: gleichbedeutend.
b) Umgekehrt: Kopiere von Quelldatei nach Zieldatei, benenne um die Quelldatei in die Zieldatei, ...
c) A:FORMAT B:/V zum zweiseitigen formatieren mit Benennung (V für Volume-Name) der Diskette.
d) COPY A:*.* B: ist dem Befehl DISKCOPY A: B: vorzuziehen, wenn:
1. Nur sehr wenige Dateien zu kopieren sind.
2. Die Dateien in das Laufwerk B *hinzu* zu kopieren sind.
3. Die Zieldiskette beim Kopieren durch die Dateien ohne Lücken zu beschreiben ist.
    DISKCOPY kopiert Spur für Spur; physikalisch auseinanderliegende Dateiteile werden ebenso übernommen, vorhandene Lücken bleiben also bestehen.
    COPY kopiert dateiweise. Wird auf eine neu formatierte Diskette kopiert, entstehen keine Lücken.

Aufgabe 2.4/1: Verzeichnisbefehle.
a) Verzeichnis anlegen (MD), wechseln (CD) und - falls leer - löschen (RD).

b) MD HILFE
    MD TEXT
    MD TABELLE
    MD DATEI
    MD GRAFIK
    CD HILFE
    MD DOSBEF
    MD STAPEL
    MD UTIL
    CD \TEXT
    MD SYSTEM
    MD ANWEND
    MD \TABELLE\SYSTEM
    MD \TABELLE\ANWEND
    CD \DATEI

```
MD SYSTEM
MD ANWEND
CD ..
CD GRAFIK
MD SYSTEM
MD ANWEND
CD \TEXT\ANWEND
MD PRIVAT
MD DIENST
```


c) Wenn das Stammverzeichnis \ aktiv ist, sind die Befehle CD TEXT und CD\TEXT identisch.

d) ERASE, da nur leere Verzeichnisse gelöscht werden können.

e) Die Maximalanzahl von Dateinamen bezieht sich auf das Eintragen in das Verzeichnis, nicht aber auf den Datenträger insgesamt.

f) Programm C.PRG im aktiven Verzeichnis (P.PRG); im aktiven Pfad von C: (C:P.PRG); im Stammverzeichnis von C: (C:\P.PRG); im Pfad C:\D (C:\D\P.PRG).

g) Das Stammverzeichnis bildet die oberste Ebene in der Verzeichnishierarchie (Root bzw. Wurzel; umgekehrter Baum). Das aktive Verzeichnis ist durch CD bzw. PATH eingestellt. Zur übergeordneten Ebene wechselt man mit CD .. zurück.

Aufgabe 2.5/1: Spezielle Anpassungsdatei CONFIG.SYS.

a) Die Standardeinstellungen (Voreinstellungen bzw. Defaults) werden durch die Befehlsangaben des Benutzers ersetzt.

b) DEVICE=VDISK.SYS 256 128 64 in CONFIG.SYS schreiben, speichern und dann das System neu starten. Nun wird ein virtueller Speicher mit 256 KB eingerichtet.

Aufgabe 2.5/2: Spezielle Anpassungsdatei AUTOEXEC.BAT.

a) PROMPT PG (zuerst den Pfad und dann das Größer-zeichen) in die AUTOEXEC.BAT schreiben.

b) PATH C:\DATEI\SYSTEM;C:\TEXT\ANWEND\PRIVAT;C:\ als Befehl in die AUTOEXEC.BAT schreiben, also drei Suchwege durch ";" getrennt aufzählen.

Aufgabe 2.5/3: Die Umkehrung der Aussage ist korrekt: CONFIG.SYS wird vom System beim Booten gesucht und - falls vorhanden - ausgeführt. Die Datei AUTOEXEC.BAT muß vom Programmierer in einem Stapel oder durch Direkteingabe des Dateinamens AUTOEXEC bzw. AUTOEXEC.BAT aufgerufen werden.

Aufgabe 2.6/1: Stapelprogrammierung.
  a) Siehe Abschnitt 2.6.1.
  b) Über den EDLIN-Editor (mühsam), über eine Textverarbeitung
      oder über die Befehle *COPY CON Stapeldateiname.BAT* bzw.
      TYPE CON > Stapeldateiname.BAT.

Aufgabe 2.6/2: Drei Stapeldateien bzw. BAT-Dateien.
  - STAPEL1.BAT ruft das DBASE-System im Verzeichnis C:\DA-
    TEI\SYSTEM auf, um nach dem Verlassen von DBASE die Sta-
    peldatei MENUE.BAT in C:\ aufzurufen.
  - STAPEL2.BAT kopiert das Word-Textverarbeitungssystem auf die
    RAM-Disk in D:, startet Word in D: und kopiert nach dem Ver-
    lassen von Word die Datei MW.INI (dort werden die aktiven Ein-
    stellungen abgelegt) in das Verzeichnis C:\TEXT\SYSTEM. Als
    letzter Befehl ist in STAPEL2.BAT der Stapeldateiname MENUE
    angegeben: MENUE.BAT wird aufgerufen und ein Auswahlmenü
    bereitgestellt, in dem z.B. angegeben wird, daß durch Eingabe von
    STAPEL1 das Datenbanksystem dBASE aufzurufen ist.
  - STAPEL3.BAT ruft den DISKCOPY-Befehl auf.

Aufgabe 2.6/3: Zwei Stapeldateien.
  - STAPEL4.BAT prüft, ob beim Aufruf der Batchdatei auch die er-
    forderlichen Parameter eingegeben worden sind. Diese Prüfung
    sollte bei jedem Stapel mit Parametern vorgenommen werden.
  - STAPEL5.BAT kopiert zwischen den angegebenen Laufwerken.

Aufgabe 2.6/4: STAPEL6.BAT gibt über eine Schleife z.B. beim Aufruf
mittels STAPEL6 PAS (Leerstelle trennt Dateiname STAPEL6 vom Para-
meter PAS) den ASCII-Text aller PAS-Dateien im aktiven Laufwerk Zeile
für Zeile aus, wobei mit Strg-S gestoppt werden kann. STAPEL6.BAT
dient somit zum Durchblättern der Diskette.

Aufgabe 2.7/1: Menügruppe und Menüpunkte anlegen.
  a) Über die Befehlsfolge *Hauptgruppe/Gruppe/Hinzufügen* das *Hin-
      zufügen...*-Fenster anfordern und eingeben:
      - Titel: Verschiedenes
      - Dateiname: VERSCH
      - Hilfetext: Verschiedene Dienste
      Abschließend die Menügruppe mit F2 abspeichern.
  b) Über die Befehlsfolge *Verschiedenes.../F10/Programm/Hinzufü-
      gen* als Titel des 1. Menüpunktes *Laufwerk + Verzeichnis* eingeben

und mit F2 speichern (Befehlszeile und Hilfetext noch leer lassen). Anschließend mit den Menüpunkten *Dateiexistenz testen* und *Datei ausdrucken* entsprechend verfahren.

Aufgabe 2.7/2: Menüpunkt Laufwerk + Verzeichnis mit Befehlszeile:

```
echo Aktives Laufwerk : /#  |  echo Aktives Verzeichnis : /@  |  pause
```

Aufgabe 2.7/3: Menüpunkt *Dateiexistenz testen* mit Befehlezeile:

```
dir [%1 / c"%1" /t"Eine Datei suchen" /i"Nennen Sie die Datei."
/p "Dateiname? " /m"e"]  |  pause
```

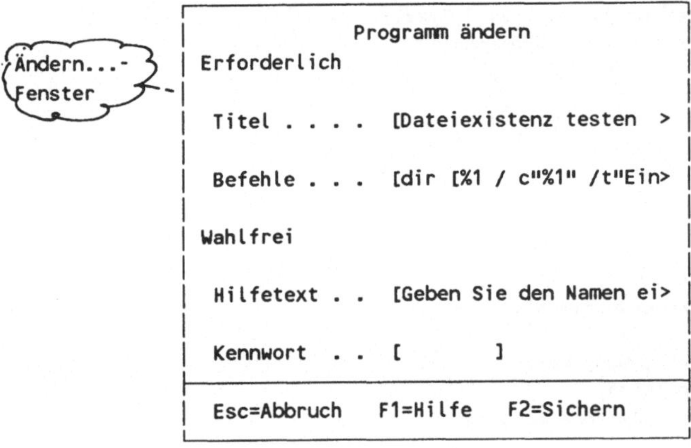


```
|            Programm ändern            |
| Erforderlich                          |
|                                       |
|   Titel . . . .  [Dateiexistenz testen  > |
|                                       |
|   Befehle . . .  [dir [%1 / c"%1" /t"Ein> |
|                                       |
| Wahlfrei                              |
|                                       |
|   Hilfetext . .  [Geben Sie den Namen ei> |
|                                       |
| Kennwort . . [        ]               |
|---------------------------------------|
| Esc=Abbruch   F1=Hilfe   F2=Sichern   |
```

Aufgabe 2.7/4: Menüpunkt *Datei ausdrucken* mit folgender Befehlszeile:

```
print [/t"Eine Datei drucken" /i"Nennen Sie die Datei."
/p"Dateiname? " /d"A: " /r /m"e"]  |  pause
```

Hilfetext mit "&" für "Beginn einer neuen Zeile":

```
Geben Sie den Namen der Datei an,&die angezeigt werden soll.
```

Aufgaben zu Abschnitt 3 (Turbo Pascal)

Aufgabe 3.2/1: Ausführung zu Programm Klein1:

```
Ein
     kleines                     (nach "kleines" einmal die Glocke)
             Programm.
```

Aufgabe 3.2/2: Programm Dreieck1 zur "Methode des Dreieckstauschs":

```
PROGRAM Dreieck1;
VAR
   z1, z2, Hilf: Integer;
BEGIN
   Write('Zwei Zahlen? ');
   ReadLn(z1,z2);
   Hilf := z1; z1 := z2; z2 := Hilf;
   WriteLn('Zahlen jetzt: ',z1,' ',z2);
   WriteLn('Programmende Dreieck1.')
END.
```

Aufgabe 3.2/3: Programm Konstant:

```
PROGRAM Konstant;
CONST
   Womit = 'Mit Turbo Pascal ';
   Was = 'formulieren '; Wer = 'wir';
   Wen = 'Probleme ';
   Wie = 'computerverständlich.';
BEGIN
   WriteLn(Womit, Was, Wer);
   WriteLn(Wen, Wie);
   WriteLn('Programmende Konstant.')
END.
```

Aufgabe 3.2/4: Programm GanzDiv1:

```
PROGRAM GanzDiv1;
VAR
   Zahl, Teiler, Quotient, Rest: Integer;
BEGIN
   Write('Zahl Teiler? ');
   ReadLn(Zahl, Teiler);
   Quotient := Zahl DIV Teiler;
   Rest := Zahl MOD Teiler;
   writeLn('Division = ',Quotient,' Rest ',Rest);
   WriteLn('Programmende GanzDiv1.')
END.
```

```
Zahl Teiler? -3 2
-1 -1
Programmende GanzDiv1.
```

Aufgabe 3.2/5: Ausführung zu Programm Real1:

```
Running
1.    9.8246000000E+01
2. 98.246
3.  98.25
4. 98
5. 0.2460
6. 98.25
7. 98
8. 98
9. 0.3134312504000
Programmende Real1.
```

Aufgabe 3.3/1: Quelltext zu Programm Skonto2:

```
PROGRAM Skonto2;
   (*Skontoermittlung. Einseitige Auswahlstruktur mit IF-THEN*)
VAR
   Tage: Integer;
   Rechnungsbetrag, Prozentsatz, Skontobetrag: Real;

BEGIN
   WriteLn('Rechnungsbetrag, Tage nach Erhalt? ');
   ReadLn(Rechnungsbetrag, Tage);
   ProzentSatz := 1.5
   IF Tage <= 8
     THEN
       BEGIN
         ProzentSatz := 4;
         WriteLn('... sogar ',ProzentSatz:3:1,' % Skonto.')
       END;
   Skontobetrag := Rechnungsbetrag * Prozentsatz / 100;
   Rechnungsbetrag := Rechnungsbetrag - Skontobetrag;
   WriteLn(Skontobetrag:5:2,' DM Skonto bei ',Rechnungsbetrag:5:2,' DM
Zahlung.');
   WriteLn('Programmende Skonto1.')
END.
```

Aufgabe 3.3/2: Verfügbaren Speicherplatz nennen:

```
Running
Verfügbarer Speicherplatz = 22003
Programmende Speicher.
```

Aufgabe 3.3/3: Quelltext zu Programm Ungerade:

```
PROGRAM Ungerade;
VAR
   z: Integer;
BEGIN
   Write('Eine Zahl? '); ReadLn(z);
```

```
        IF 1 = z MOD 2
          THEN WriteLn('Unerade Zahl.')
          ELSE WriteLn('Gerade Zahl.')
      END.
```

Aufgabe 3.3/4: Quelltext Programm Ferien1:

```
PROGRAM Ferien1;
  (*Ferientage in Abhängigkeit von Alter und Jahren im Betrieb*)
VAR
  Alter, BetriebsJahre, Tage: Integer;
BEGIN
  Write('Alter? Jahre der Betriebszugehörigkeit? ');
  ReadLn(Alter,BetriebsJahre);
  IF Alter < 18
    THEN Tage := 30
    ELSE IF Alter < 40
            THEN Tage := 28
            ELSE Tage := 31;
  IF BetriebsJahre >=25
    THEN Tage := Tage + 2
    ELSE IF BetriebsJahre >= 10
            THEN Tage := Tage + 1;
  WriteLn('Ferientage = ',Tage);
  WriteLn('Programmende Ferien1.')
END.
```

Aufgabe 3.3/5: Quelltext zu Programm Funktion:

```
PROGRAM Funktion;
  (*Funktion f(x) mit y=3x-2 für x<1 und y=2x+1 für x>=1 *)
VAR
  x,y: Real;
BEGIN
  Write('x-Wert? ');
  ReadLn(x);
  IF x < 1
    THEN y := 3*x - 2
    ELSE y := 2*x + 1;
  WriteLn('x-Wert=',x:3:2,', y-Wert=',y:3:2);
  Write('Programmende Funktion.')
END.
```

Aufgaben 3.3/6: Quelltext zu Programm Quadrat1:

```
PROGRAM Quadrat1;
  (*Quadratische Gleichung lösen. Mehrseitige Auswahlstruktur*)
VAR
  a, b, c, D, x1, x2: Real;
BEGIN
  WriteLn('Gleichung a*x^2 + b*x + c lösen:');
  Write('Eingabe: a b c? ');
  ReadLn(a,b,c);
```

```
      D := Sqr(b) - 4*a*c;
      IF D < 0
        THEN WriteLn('Keine reelle Lösung.')
        ELSE BEGIN
              x1 := (-b + Sqrt(D)) / (2*a);
              x2 := (-b - Sqrt(D)) / (2*a);
              IF D = 0
                THEN WriteLn('x1 = x2 = ',x1:5:4)
                ELSE WriteLn('x1 = ',x1:5:4,' und x2 = ',x2:5:4)
             END;
      WriteLn('Programmende Quadrat1.')
END.
```

```
Gleichung a*x^2 + b*x + c lösen:
Eingabe: a b c? 2 2 1
Keine reelle Lösung.
Programmende Quadrat1.
```

```
Gleichung a*x^2 + b*x + c lösen:
Eingabe: a b c? 1 1 -1
x1 = 0.6180 und x2 = -1.6180
Programmende Quadrat1.↵
```

Aufgabe 3.3/7: Programm TagJeMon:

```
PROGRAM TagJeMon;
  (*Tage je Monat. Fallabfrage mit Integer*)
VAR
  Tage, Monat: Integer;
BEGIN
  Write('Monatszahl? ');
  ReadLn(Monat);
  CASE Monat OF
    2:                 Tage := 28;
    4,6,9,11:          Tage := 30;
    1,3,5,7,8,10,12:   Tage := 31
    ELSE Tage := 0;
  END;
  IF Tage <> 0
    THEN WriteLn('= ',Tage,' Tage')
    ELSE WriteLn('Eingabefehler');
  WriteLn('Programmende TagJeMon.')
END.
```

Eingabe: Monat		
2	4,6,9,11	1,3,5 7,8,10,12
Tage=28	Tage=30	Tage=31
Tage<>0		
Ausgabe: Tage	Ausgabe: Fehler	

Aufgabe 3.4/1: Quelltext zu Programm Euklid1:

```
PROGRAM Euklid1;
  (*Größter gemeinsamer Teiler. Euklidischer Algorithmus*)
VAR
  a, b, Rest: Integer;
BEGIN
```

```
      Write('Zwei Zahlen? ');
      ReadLn(a,b);
      Rest := a MOD b;
      WHILE Rest > 0 DO
      BEGIN
        a := b;
        b := Rest;
        Rest := a MOD b
      END;
      WriteLn('ggT = ',b)
      WriteLn('Programmende Euklid1.')
    END.
```

Aufgabe 3.4/2: Programm Mittel1 mit WHILE ändern:

a) **Quelltext zu Programm Mittel2 mit REPEAT-Schleife:**

```
PROGRAM Mittel2;
    (*Mittelwert berechnen. Nicht-abweisende Schleife mit REPEAT*)
VAR
    Anzahl: Integer;
    Zahl, Summe, Mittelwert: Real;
BEGIN
    Summe := 0;
    Anzahl := -1;
    REPEAT
      Write('Zahl (0=Ende)? ');
      ReadLn(Zahl);
      Summe := Summe + Zahl;
      Anzahl := Anzahl + 1;
    UNTIL Zahl = 0;
    IF Anzahl > 0 THEN
      BEGIN
        Mittelwert := Summe / Anzahl;
        WriteLn('Mittelwert von ',Anzahl,' Zahlen');
        WriteLn('beträgt ',Mittelwert:4:2);
      END;
    WriteLn('Programmende Mittel2.')
END.
```

b) **Quelltext zu Programm Mittel2 mit IF-THEN-Schleife:**

```
PROGRAM Mittel3;
    (*Mittelwert berechnen. Schleife mit IF-THEN GOTO*)
LABEL
    Schleifenanfang, Schleifenende;
VAR
    Anzahl: Integer;
    Zahl, Summe, Mittelwert: Real;
BEGIN
    Summe := 0;
    Anzahl := 0;
      Schleifenanfang:
```

```
       Write('Zahl (0=Ende)? ');
       ReadLn(Zahl);
       IF Zahl = 0
         THEN GOTO Schleifenende;
       Summe := Summe + Zahl;
       Anzahl := Anzahl + 1;
       GOTO Schleifenanfang;
     Schleifenende:
     IF Anzahl > 0 THEN
       BEGIN
         Mittelwert := Summe / Anzahl;
         WriteLn('Mittelwert von ',Anzahl,' Zahlen');
         WriteLn('beträgt ',Mittelwert:4:2);
       END;
     WriteLn('Programmende Mittel3.')
   END.
```

Aufgabe 3.4/3: Quelltext zu Programm FiFolge1:

```
PROGRAM FiFolge1;
  (*Die ersten 40 Elemente der Fibonacci-Folge*)
VAR
  F1, F2, F3: Real;
  Z: Integer;
BEGIN
  Write('Welche zwei Startwerte für die Fibonacci-Folge? ');
  ReadLn(F1,F2);
  FOR Z := 1 TO 32 DO
  BEGIN
    F3 := F1 + F2;
    Write(F3:9:0);
    IF Z MOD 8 = 0 THEN WriteLn;
    F1 := F2;
    F2 := F3
  END;
  WriteLn(^J^M,'Programmende FiFolge1.')
END.
```

Aufgabe 3.4/4: Quelltext zu Programm WertTab1:

```
PROGRAM WertTab1;
  (*Wertetabelle. FOR-Schleife mit variabler Schrittweite*)
VAR
  Zaehler: Integer;
  Anfang, Ende, Schritt, x, y: Real;
BEGIN
  WriteLn('Anfangswert Endwert Schrittweite für x? ');
  ReadLn(Anfang,Ende,Schritt);
  WriteLn('       x           y = x^2 + 5');
  FOR Zaehler := 0 TO Trunc((Ende-Anfang)/Schritt) DO
  BEGIN
    x := Anfang + Zaehler * Schritt;
    y := sqr(x) + 5;
```

```
      WriteLn(x:10:2, y:15:2)
    END;
    WriteLn('Programmende WertTab1.')
  END.
```

Aufgabe 3.4/5: Programm Wahrheit.

a)   Ausführung:

```
Tillmann sagt: Jakob hat Recht.
Jakob sagt: Tillmann hat gelogen.
Programmende Wahrheit.
```

b)   FOR ErSagtEtwas :=False TO True DO ...

Aufgabe 3.4/6: Pascal-Quelltext zu den Programmen Design1, Design2 und Design3:

```
PROGRAM Design1;
VAR
  Z, S: Byte;
BEGIN
  FOR Z := 1 TO 5 DO
    BEGIN
      FOR S :=1 TO Z DO
        Write('= ');
        WriteLn
    END;
  WriteLn('Programmende Design1.')
END.

PROGRAM Design2;
VAR
  Z, S: Byte;
BEGIN
  FOR S := 1 TO 5 DO Write('= ');
  WriteLn;
  FOR Z := 1 TO 3 DO WriteLn('=        =');
  FOR S := 1 TO 5 DO Write('= ');
  WriteLn;
  WriteLn('Programmende Design2.')
END.

PROGRAM Design3;
VAR
  Z, ZHilf, S, SHilf: Byte;
BEGIN
  ZHilf := 0;
  SHilf := 9;
  FOR Z := 1 TO 5 DO
    BEGIN
      FOR S :=1 TO SHilf DO
        Write('=');
```

```
          WriteLn;
          FOR S :=0 TO ZHilf DO
            Write(' ');
          SHilf := SHilf - 2;
          ZHilf := ZHilf + 1;
        END;
      WriteLn(^M,'Programmende Design3.')
    END.
```

Aufgabe 3.5/1: Pascal-Quelltext zu Programm Euklid2 mit Prozedur ggT:

```
PROGRAM Euklid2;
   (*Euklidischer Algorithmus zum ggT. Prozedur mit Werteparametern*)
VAR
  z1,z2,x,y: Integer;

PROCEDURE ggT(a,b:Integer);
  VAR
    Rest: Integer;
  BEGIN
    Rest := a MOD b;
    WHILE Rest > 0 DO
    BEGIN
      a := b;
      b := Rest;
      Rest := a MOD b
    END;
    WriteLn('ggT = ',b)
  END;

BEGIN
  Write('Zwei Zahlen? ');
  ReadLn(z1,z2);
  ggt(z1,z2);
  Write('Noch zwei Zahlen? ');
  ReadLn(x,y);
  ggt(x,y);
  WriteLn('Programmende Euklid2.')
END.
```

Aufgabe 3.5/2: Quelltext zu Programm Euklid3 mit Funktion ggT:

```
PROGRAM Euklid3;
   (*Euklidischer Algorithmus zum ggT als Integer-Funktion*)
VAR
  z1,z2,x,y: Integer;

FUNCTION ggT(a,b:Integer): Integer;
  VAR
    Rest: Integer;
  BEGIN
    Rest := a MOD b;
    WHILE Rest > 0 DO
```

```
      BEGIN
        a := b;
        b := Rest;
        Rest := a MOD b
      END;
       ggT := b
    END;

  BEGIN
    Write('Zwei Zahlen? ');
    ReadLn(z1,z2);
    WriteLn('ggT = ',ggt(z1,z2));
    Write('Noch zwei Zahlen? ');
    ReadLn(x,y);
    WriteLn('ggt = ',ggT(x,y));
    WriteLn('Programmende Euklid3.')
  END.
```

Aufgabe 3.5/3: Pascal-Quelltext zu Programm Euklid4:

```
PROGRAM Euklid4;
  (*Euklidischer Algorithmus zum ggT. Geschachtelte Integer-Funktion*)
VAR
  z1,z2,z3: Integer;

FUNCTION ggT(a,b:Integer): Integer;
  VAR
    Rest: Integer;
  BEGIN
    Rest := a MOD b;
    WHILE Rest > 0 DO
    BEGIN
      a := b;
      b := Rest;
      Rest := a MOD b
    END;
     ggT := b
  END;

BEGIN
  Write('Drei Zahlen? ');
  ReadLn(z1,z2,z3);
  WriteLn('ggT = ',ggt(ggt(z1,z2),z3));
  WriteLn('Programmende Euklid4.')
END.
```

Aufgabe 3.5/4: Quelltext zu Programm Potenz1 mit Funktion Pot:

```
PROGRAM Potenz1;
  (*Potenzieren. Integer-Funktion*)
VAR
  Basis, Exponent: Integer;
```

```pascal
FUNCTION Pot(Bas,Exp: Integer): Integer;
  VAR
    z, Ergebnis: Integer;
  BEGIN
    Ergebnis := 1;
    FOR z := 1 TO Abs(Exp) DO
      Ergebnis := Ergebnis * Bas;
      Pot := Ergebnis
  END;

BEGIN
  Write('Basis Exponent? ');
  ReadLn(Basis,Exponent);
  Write('Potenz = ');
  IF Exponent > 0
    THEN WriteLn(Pot(Basis,Exponent))
    ELSE IF Basis = 0
            THEN WriteLn('nicht möglich.')
            ELSE WriteLn(1/Pot(Basis,Exponent));
  WriteLn('Programmende Potenz1.')
END.
```

Aufgabe 3.5/5: Quelltext zu Programm DemoEnd1:

```pascal
PROGRAM DemoEnd1;
  (*Schleifenende über Boolean-Funktion*)

FUNCTION Beenden: Boolean;
  VAR
    Zeichen: Char;
  BEGIN
    Write('Schleife beenden (j/n)? ');
    ReadLn(Zeichen);
    Beenden := Zeichen IN ['j','J']
  END;

BEGIN
  WHILE NOT Beenden DO
  BEGIN
    WriteLn('...');
    WriteLn('... Anweisungen der Schleife')
  END;
  WriteLn('Programmende DemoEnd1.')
END.
```

Aufgabe 3.6/1: Quelltext und Ausführungsbeispiel zu Programm CodeTab2:

```pascal
PROGRAM CodeTab2;
  (*ASCII-Code als Tabelle. Zählervariable vom Char-Typ*)
  VAR
    z: Char;
```

```
    i: Integer;
BEGIN
  Write('        ');
  FOR i := 0 TO 15 DO
    Write(i:3); WriteLn;
  i := 32;
  FOR z := ' ' TO #255 DO
  BEGIN
    IF i MOD 16 = 0
      THEN BEGIN
             WriteLn;
             Write(i:3,':  ')
           END;
    Write(z:3);
    i := i + 1;
  END;
  WriteLn; WriteLn('Programmende CodeTab2.')
END.
```

	0	1	2	3	4	5	6	7	8	9	10	11	12	13	14	15
32:		!	"	#	$	%	&	'	(	)	*	+	,	-	.	/
48:	0	1	2	3	4	5	6	7	8	9	:	;	<	=	>	?
64:	@	A	B	C	D	E	F	G	H	I	J	K	L	M	N	O
80:	P	Q	R	S	T	U	V	W	X	Y	Z	[	\	]	^	_
96:	`	a	b	c	d	e	f	g	h	i	j	k	l	m	n	o
112:	p	q	r	s	t	u	v	w	x	y	z	{	|	}	~	█
128:	Ç	ü	é	â	ä	à	å	ç	ê	ë	è	ï	î			
144:	É	æ	Æ	ô	ö	ò	û	ù	ÿ	Ö	Ü	¢	£	¥	₧	ƒ
160:	á	í	ó	ú	ñ	Ñ	ª	º	¿	⌐	¬	½	¼	¡	«	»
176:	░	▒	▓	│	┤	╡	╢	╖	╕	╣	║	╗	╝	╜	╛	┐
192:	└	┴	┬	├	─	┼	╞	╟	╚	╔	╩	╦	╠	═	╬	╧
208:	╨	╤	╥	╙	╘	╒	╓	╫	╪	┘	┌	█	▄	▌	▐	▀
224:	α	β	Γ	π	Σ	σ	µ	τ	Φ	Θ	Ω	δ	∞	φ	ε	∩
240:	≡	±	≥	≤	⌠	⌡	÷	≈	°	•	·	√	η	²	■	

```
Programmende CodeTab2.
```

Aufgabe 3.6/2: Quelltext und Ausführung zu Programm ISBNumm1:

```
PROGRAM ISBN1;
  (*Pruefziffer zur Internationalen-Standard-Buch-Nummer (ISBN)*)
TYPE
  Stellen = 1..10;
VAR
  Nummer:           ARRAY[Stellen] OF Integer;
  n:                Stellen;
  ElferDivision, ElferRest: Real;
  Summe:            Integer;
  Pruefziffer:      STRING[7];

BEGIN
  ClrScr;
```

```
    WriteLn('Die ersten 9 Ziffern durch Leerstellen getrennt tippen:');
    FOR n := 1 TO 9 DO
      Read(Trm,Nummer[n]);
    Summe := 0;
    FOR n := 1 TO 9 DO
      Summe := Summe + n*Nummer[n];
      ElferDivision := Summe/11;
      ElferRest := Int(Summe - (Int(ElferDivision)*11));
      IF ElferRest < 10
        THEN Str(ElferRest:1:0,PruefZiffer)
        ELSE PruefZiffer := 'X';
      WriteLn('1. Summe 1-9 gewichtet: ',Summe);
      WriteLn('2. Division durch 11:    ',ElferDivision:1:2);
      WriteLn('3. Rest als Modulo 11:   ',Int(ElferRest):1:0);
      WriteLn('4. Pruefziffer:          ',PruefZiffer);
    WriteLn('Programmende ISBNumm1.')
END.
```

```
Die ersten 9 Ziffern durch Leerstellen getrennt tippen:
3 5 2 8 0 4 2 9 4
1. Summe 1-9 gewichtet: 197
2. Division durch 11:    17.91
3. Rest als Modulo 11:   10
4. Pruefziffer:          X
Programmende ISBNumm1.
```

Aufgabe 3.6/3: Quelltext zu Programm Analyse1:

```
PROGRAM Analyse1;
   (*Textanalyse durchführen: Anzahl von Vokalen in einem Text*)
CONST
   VokaleLaenge = 5;
   ZeilenLaenge = 80;
VAR
   Text:                        STRING[ZeilenLaenge];
   ZeichenAnzahl, VokaleAnzahl, Z: 1..ZeilenLaenge;
   Index:                       1..VokaleLaenge;
   Zei:                         Char;
   Vokale:                      STRING[VokaleLaenge];
   Absolut:                     ARRAY[1..VokaleLaenge] OF Integer;
   Relativ:                     ARRAY[1..VokaleLaenge] OF Real;

PROCEDURE Eingabe;
   BEGIN
     WriteLn('Zu analysierender String? '); ReadLn(Text);
     ZeichenAnzahl := Length(Text);
     FOR Z := 1 TO ZeichenAnzahl DO
        Text[Z] := Upcase(Text[Z]);
     FOR Z := 1 TO VokaleLaenge DO
       Absolut[Z] := 0;
     Vokale := 'AEIOU';
     VokaleAnzahl := 0
   END;
```

```
PROCEDURE HaeufigkeitAbsolut;
  BEGIN
    FOR Z := 1 TO ZeichenAnzahl DO
    BEGIN
      Zei := Copy(Text,Z,1);
      Index := Pos(Zei,Vokale);
      IF Index <> 0
        THEN BEGIN
                Absolut[Index] := Absolut[Index] + 1;
                VokaleAnzahl := VokaleAnzahl + 1
             END
    END
  END;

PROCEDURE HaeufigkeitRelativ;
  BEGIN
    FOR Z := 1 TO VokaleLaenge DO
      Relativ[Z] := Absolut[Z]/VokaleAnzahl
  END;

PROCEDURE Ausgabe;
  BEGIN
    WriteLn('Vokal:  Absolute Häufigkeiten:  Relative Häufigkeiten:');
    WriteLn('-------------------------------------------------------------');
    FOR Z := 1 TO VokaleLaenge DO
      WriteLn(Vokale[Z]:5,Absolut[Z]:15,Relativ[Z]:25:3)
  END;

BEGIN
  Eingabe;
  HaeufigkeitAbsolut;
  HaeufigkeitRelativ;
  Ausgabe;
  WriteLn('Programmende Analyse1.')
END.
```

Aufgabe 3.7/1: Programmtests zu Programm Array2:

```
Running                          Running
Zahl? 1                          Zahl? 7
15 10 6 3 1                      17673 2524 360 51 7
Programmende Array2.             Programmende Array2.
>                                >


Running                          Running
Zahl? 2                          Zahl? 8
73 34 15 6 2                     -31515 4252 531 66 8
Programmende Array2.             Programmende Array2.
```

Aufgabe 3.7/2: Ausführungsbeispiel und Quelltext zu Programm Sort1:

```
    Ekkehard Tillmann  Severin     Lena    Klaus    Anita
   x=2 y=6  Ekkehard Tillmann   Severin     Lena    Anita    Klaus
   x=2 y=5  Ekkehard Tillmann   Severin    Anita     Lena    Klaus
   x=2 y=4  Ekkehard Tillmann     Anita  Severin     Lena    Klaus
   x=2 y=3  Ekkehard    Anita Tillmann  Severin     Lena    Klaus
   x=2 y=2     Anita Ekkehard Tillmann  Severin     Lena    Klaus
   x=3 y=6     Anita Ekkehard Tillmann  Severin    Klaus     Lena
   x=3 y=5     Anita Ekkehard Tillmann    Klaus  Severin     Lena
   x=3 y=4     Anita Ekkehard    Klaus Tillmann  Severin     Lena
   x=3 y=3     Anita Ekkehard    Klaus Tillmann  Severin     Lena
   x=4 y=6     Anita Ekkehard    Klaus Tillmann     Lena  Severin
   x=4 y=5     Anita Ekkehard    Klaus     Lena Tillmann  Severin
   x=4 y=4     Anita Ekkehard    Klaus     Lena Tillmann  Severin
   x=5 y=6     Anita Ekkehard    Klaus     Lena  Severin Tillmann
   x=5 y=5     Anita Ekkehard    Klaus     Lena  Severin Tillmann
   x=6 y=6     Anita Ekkehard    Klaus     Lena  Severin Tillmann
       Anita Ekkehard    Klaus     Lena  Severin Tillmann
   Programmende Sort1.
```

```pascal
PROGRAM Sort1;
  (*Bubble Sort in einem String-Array. Initialisierte Arrayvariable*)
CONST
  Anzahl = 6;
TYPE
  Elementtyp = STRING[20];
  Arraytyp = ARRAY[1..Anzahl] OF Elementtyp;        (*Name als
initialisierte Variable*)
CONST
  Name: Arraytyp = ('Ekkehard', 'Tillmann', 'Severin', 'Lena', 'Klaus',
'Anita');

PROCEDURE Ausgabe(Nam:Arraytyp);
VAR
  i: Integer;
BEGIN
  FOR i := 1 TO Anzahl DO
    Write(Nam[i]:9); WriteLn
END;

PROCEDURE Tausch(VAR a,b:Elementtyp);
VAR
  Hilf: Elementtyp;
BEGIN
  Hilf := b; b := a; a := Hilf
END;

PROCEDURE Bubble(VAR Nam:Arraytyp);
VAR
  x,y: Integer;
```

```
BEGIN
  FOR x := 2 TO Anzahl DO
    FOR y := Anzahl DOWNTO x DO
    BEGIN
      IF Nam[y-1] > Nam[y]
        THEN Tausch(Nam[y],Nam[y-1]);
      Write('x=',x,' y=',y,' ');
      Ausgabe(Nam);
    END
  END;

BEGIN
  Ausgabe(Name);
  Bubble(Name);
  Ausgabe(Name);
  WriteLn('Programmende Sort1.')
END.
```

Aufgabe 3.7/3: Quelltext und Ausführung zu Programm PasDrei1:

```
PROGRAM PasDrei1;
  (*Ausgabe des Pascalschen Dreiecks*)
VAR
  x, y, z: Integer;
  Zahl: ARRAY[1..20] OF Integer;
BEGIN
  Write('Zeilenanzahl des Pascalschen Dreiecks? ');
  ReadLn(z);
  FOR x := 1 TO z DO
  BEGIN
    Zahl[x]:=1;
    FOR y := (x-1) DOWNTO 2 DO
      Zahl[y] := Zahl[Y-1] + Zahl[Y];
    Write(' ':2 * (z - x) + 2);
    FOR y := 1 TO x DO
      Write(Zahl[y]:4);
    WriteLn;
  END;
  WriteLn('Programmende PasDrei1.')
END.
```

```
Zeilenanzahl des Pascalschen Dreiecks? 14
                            1
                          1   1
                        1   2   1
                      1   3   3   1
                    1   4   6   4   1
                  1   5  10  10   5   1
                1   6  15  20  15   6   1
              1   7  21  35  35  21   7   1
            1   8  28  56  70  56  28   8   1
          1   9  36  84 126 126  84  36   9   1
        1  10  45 120 210 252 210 120  45  10   1
      1  11  55 165 330 462 462 330 165  55  11   1
    1  12  66 220 495 792 924 792 495 220  66  12   1
  1  13  78 286 7151287171617161287 715 286  78  13   1
Programmende PasDrei1.
```

Aufgabe 3.7/4: Reihenfolgesuche in einem String-Array.

a) Quelltext zu Programm SuchNam1:

```pascal
PROGRAM SuchNam1;
   (*Suchen nach Namen in einem unsortierten String-Array*)
TYPE
   Stri30 = STRING[30];
CONST
   MaxAnzahl = 20;
VAR
   Name:       ARRAY[1..MaxAnzahl] OF Stri30;
   NameSuch:   Stri30;
   i, Anzahl:  1..MaxAnzahl;
   Vorhanden:  Boolean;

PROCEDURE Eingabe;
BEGIN
  REPEAT
    Write('Wieviele Namen (maximal 20)? ');
    ReadLn(Anzahl);
  UNTIL Anzahl <= MaxAnzahl;
  FOR i := 1 TO Anzahl DO
  BEGIN
    Write(i,'. Name? '); ReadLn(Name[i]);
  END
END;

PROCEDURE SerielleSuche;
BEGIN
  Write('Suchbegriff? '); ReadLn(NameSuch);
  Vorhanden := False; i := 1;
  WHILE NOT ((i>Anzahl) OR Vorhanden) DO
    IF Name[i] = NameSuch
      THEN Vorhanden := True
      ELSE i := i + 1;
  END;
```

```
    PROCEDURE Ausgabe;
    BEGIN
      IF Vorhanden
        THEN WriteLn(NameSuch,' an ',i,'. Position gefunden.')
        ELSE WriteLn('Fehler. Nicht gefunden.')
    END;


    BEGIN
      Eingabe;
      SerielleSuche;
      Ausgabe;
      WriteLn('Programmende SuchNam1.')
    END.
```

b) Quelltext zu Programm SuchNam2 ohne Seiteneffekte:

```
    PROGRAM SuchNam2;
      (*Suchen nach Namen in einem unsortierten String-Array*)
      (*Wie SuchNam1, aber mit Array als Prozedur-Parameter*)
    CONST
      MaxAnzahl = 20;
    TYPE
      Stri30 =   STRING[30];
      tElement = 1..MaxAnzahl;
      tName  =   ARRAY[tElement] OF Stri30;
    VAR
      Name:                   tName; (*t weist auf TYPE bzw. Datentyp hin*)
      Anzahl, VorhandenPos: tElement;
      Vorhanden:            Boolean;

    PROCEDURE Eingabe(VAR Nam:tName; VAR Anz:tElement);
    VAR
      i: tElement;
    BEGIN
      REPEAT
        Write('Wieviele Namen (maximal 20)? ');
        ReadLn(Anz);
      UNTIL Anz <= MaxAnzahl;
      FOR i := 1 TO Anz DO
      BEGIN
        Write(i,'. Name? '); ReadLn(Nam[i]);
      END
    END;


    PROCEDURE SerielleSuche(Nam:tName; Anz:tElement;
                         VAR Ok:Boolean; VAR OkPos:tElement);
    VAR
      i:        tElement;
      NameSuch: Stri30;
    BEGIN
```

```
            Write('Suchbegriff? '); ReadLn(NameSuch);
            Ok := False; i := 1;
            WHILE NOT ((i>Anz) OR Ok) DO
              IF Nam[i] = NameSuch
                THEN BEGIN
                        Ok := True;
                        OkPos := i
                     END
                ELSE i := i + 1;
        END;


        PROCEDURE Ausgabe(Vorhanden:Boolean; VorhandenPos: tElement);
        BEGIN
          IF Vorhanden
            THEN WriteLn('Suchbegriff an ',VorhandenPos,'. Position gefunden.')
            ELSE WriteLn('Fehler. Nicht gefunden.')
        END;


        BEGIN
          ClrScr;
          Eingabe(Name,Anzahl);
          SerielleSuche(Name,Anzahl,Vorhanden,VorhandenPos);
          Ausgabe(Vorhanden,VorhandenPos);
          WriteLn('Programmende SuchNam2.')
        END.
```

Aufgabe 3.8/1: Quelltext zu Programm Kunden2:

```
PROGRAM Kunden2;
  (*Verwaltung einer Kundendatei über ein Menü. Erweiterung mit Löschen*)
TYPE
  Str20 = STRING[20];
  Kundensatz = RECORD
                  Nummer: Integer;
                  Name:   Str20;
                  Umsatz: Real;
               END;
  Kundendatei = FILE OF Kundensatz;
VAR
  KundenRec: Kundensatz;
  KundenFil: Kundendatei;
  Dateiname: STRING(.14.);
  NameSuch:  Str20;


PROCEDURE Vorlauf;
VAR
  Eingabefehler: Integer;
BEGIN
  Write('Name der Datei (z.B. B:Kunden.DAT)? '); ReadLn(Dateiname);
  Assign(KundenFil,Dateiname);
  (*$I- ermöglicht Fehlerabfrage*) Reset(KundenFil); (*$I+*)
  Eingabefehler := IOResult;
```

```
      IF EingabeFehler = 1
         THEN BEGIN
                WriteLn('Datei neu eingerichtet, da nicht vorhanden.');
                Rewrite(KundenFil)
              END
END; (*von Vorlauf*)


PROCEDURE SatzAnzeigen;
BEGIN
  WITH KundenRec DO
  BEGIN
    WriteLn(' Kundennummer:  ',Nummer);
    WriteLn(' Name:          ',Name);
    WriteLn(' Umsatz bisher: ',Umsatz:4:2);
  END (*von WITH*)
END; (*von SatzAnzeigen*)


PROCEDURE Suchen(VAR NameSuch:Str20);
VAR
  Gefunden: Boolean;
BEGIN
  Seek(KundenFil,0);
  Write('Kundenname als Suchbegriff? '); ReadLn(NameSuch);   (*Satz suchen*)
  Gefunden := False;
  WHILE NOT (Eof(KundenFil) OR Gefunden) DO
  BEGIN
    Read(KundenFil,KundenRec);
    IF NameSuch = KundenRec.Name THEN Gefunden:=True
  END;
  IF Gefunden
    THEN SatzAnzeigen
    ELSE BEGIN
           WriteLn('Satz ',NameSuch,' nicht vorhanden.');
           NameSuch := '0'
         END
END; (*von Suchen*)


PROCEDURE Auflisten;
VAR
  SatzNr: Integer;
BEGIN
  Seek(KundenFil,0);
  SatzNr := -1;
  WriteLn('Satznummer: Kundennummer:                Name:     Umsatz:');
  WHILE NOT Eof(KundenFil) DO
  BEGIN
    Read(KundenFil,KundenRec);
    SatzNr := SatzNr + 1;
    WITH KundenRec DO
    BEGIN
      WriteLn(SatzNr:6,': ',Nummer:15,Name:21,Umsatz:11:2)
```

```
      END
    END
END; (*von Auflisten*)

PROCEDURE Anhaengen;
BEGIN
   Seek(KundenFil,FileSize(KundenFil));
   WITH KundenRec DO
     BEGIN
       Write('Kundennummer (0=Ende)? '); ReadLn(Nummer);
       WHILE Nummer <> 0 DO
       BEGIN
         Write('Name?              '); ReadLn(Name);
         Write('Umsatz?            '); ReadLn(Umsatz);
         Write(KundenFil,KundenRec);
         Write('Nummer (0=Ende)? '); ReadLn(Nummer)
       END; (*von WHILE*)
     END (*von WITH*)
END; (*von Anhaengen*)

PROCEDURE Aendern;
VAR
   NameAend: Str20;
BEGIN
   Suchen(NameSuch);
   IF NameSuch <> '0' THEN
     BEGIN
       WriteLn('Zu ändernde Feldinhalte eintippen (Ret = beibehalten):');
       WITH KundenRec DO
       BEGIN
         Write(' Nummer? '); ReadLn(Nummer);
         Write(' Name?   '); ReadLn(NameAend);
         IF NameAend <> '' THEN Name := NameAend;
         Write(' Umsatz? '); ReadLn(Umsatz);
       END;
       Seek(KundenFil,FilePos(KundenFil)-1); (*da Satz zu überschreiben*)
       Write(KundenFil,KundenRec);
     END
END; (*von Aendern*)

PROCEDURE LogischLoeschen;
VAR
   Wahl: Char;
BEGIN
   Suchen(NameSuch);
   IF NameSuch <> '0' THEN
     BEGIN
       Write('Löschmarkierung setzen/entfernen (s/e)? '); ReadLn(Wahl);
       IF Wahl IN (.'s','S','e','E'.)
         THEN BEGIN
                 KundenRec.Umsatz := - KundenRec.Umsatz;  (*negativ: als*)
```

```pascal
            Seek(KundenFil,FilePos(KundenFil)-1);     (*gelöscht markiert*)
            Write(KundenFil,KundenRec);
            WriteLn('Löschmarkierung geändert.')
          END
       ELSE WriteLn('... Löschmarkierung bleibt unverändert.')
    END
END; (*von LogischLoeschen*)


PROCEDURE PhysischLoeschen;
VAR
  DateinameNeu: STRING[14];
  KundenFilNeu: Kundendatei;
BEGIN
  WriteLn('Alle logisch gelöschten Sätze (Umsatz negativ) physisch löschen.');
  Write('Name der neuen Zieldatei? '); ReadLn(DateinameNeu);
  Assign(KundenFilNeu,DateinameNeu);
  Rewrite(KundenFilNeu);
  Seek(KundenFil,0);
  REPEAT
    Read(KundenFil,KundenRec);
    IF KundenRec.Umsatz >= 0
      THEN Write(KundenFilNeu,KundenRec);
  UNTIL Eof(KundenFil);
  Close(KundenFilNeu)
END; (*von PhysischLoeschen*)


PROCEDURE Menue;
VAR
  Wahl: Char;
BEGIN
  REPEAT
    Write('Weiter mit Return'); ReadLn;
    WriteLn('====================================================');
    WriteLn('0    Ende           Schließen aktive Datei = ',Dateiname);
    WriteLn('1    Suchen:        Sätze lesen und anzeigen');
    WriteLn('2    Auflisten:     Alle Sätze seriell lesen');
    WriteLn('3    Anhängen:      Satz auf die Datei speichern');
    WriteLn('4    Aendern:       Satzinhalt ändern bzw. aktualisieren');
    WriteLn('5    Löschen:       Löschmarkierungen setzen/entfernen');
    WriteLn('6    Entfernen:     Markierte Sätze physisch löschen');
    WriteLn('7    Öffnen:        Neue Datei auf Diskette öffnen');
    WriteLn('====================================================');
    ReadLn(Wahl);
    CASE Wahl OF
      '1': Suchen(NameSuch);
      '2': Auflisten;
      '3': Anhaengen;
      '4': Aendern;
      '5': LogischLoeschen;
      '6': PhysischLoeschen;
      '7': Vorlauf;
```

```
      END
    UNTIL Wahl = '0';
  END; (*von Menue*)

  PROCEDURE Nachlauf;
  BEGIN
    Close(KundenFil);
    WriteLn('Datei ',Dateiname,' geschlossen.')
  END; (*von Nachlauf*)

  BEGIN (*vom Programmtreiber zur Verwaltung der Kundendatei*)
    Vorlauf;
    Menue;
    Nachlauf;
    WriteLn('Programmende Kunden2.')
  END.
```

Aufgabe 3.8/2: Quelltext zu Programm Artikel1 zur Verwaltung einer Artikeldatei:

```
PROGRAM Artikel1;
  (*Verwaltung einer Artikeldatei über ein Menü*)

TYPE
  Artikelsatz = RECORD
                  Nummer:      STRING[13];
                  Bezeichnung: STRING[20];
                  Bestand:     Integer;
                  Stueckpreis: Real;
                  LiefNr:      STRING[7]
               END; (*von Stammsatz*)
  Artikeldatei = FILE OF Artikelsatz;

VAR
  ArtikelRec, ArtikelNruRec:    Artikelsatz;
  ArtikelFil, ArtikelNeuFil:    Artikeldatei;
  Dateiname, DateinameNeu:      STRING(.14.);
  Wahl:                         Char;
  Satzanzahl,Eingabefehler:     Integer;
  SatzNr, SatzNrSuch, ArtNrSuch: Integer;

PROCEDURE Vorlauf;
BEGIN
  Write('Name der Datei (z.B. B:Art2.DAT)? '); ReadLn(Dateiname);
  Assign(ArtikelFil,Dateiname);
  (*$I-  ermöglicht Fehlerabfrage*) Reset(ArtikelFil); (*$I+*)
  Eingabefehler := IOResult;
  IF EingabeFehler = 1
    THEN BEGIN
          WriteLn('Datei neu eingerichtet, da nicht vorhanden.');
```

```
                    Rewrite(ArtikelFil)
             END
END; (*von Vorlauf*)


PROCEDURE DateizeigerZumAnfang;
BEGIN
  Seek(ArtikelFil,0)              (*Satz 0 als erster Nutzdatensatz*)
END;


PROCEDURE DateizeigerZumEnde;
BEGIN
  Seek(ArtikelFil,FileSize(ArtikelFil))
END;


PROCEDURE SatzAnzeigen;
BEGIN
  WITH ArtikelRec DO
  BEGIN
    SatzNr := FilePos(ArtikelFil);
    WriteLn(' Artikelnummer: ',Nummer);
    WriteLn(' Bezeichnung:   ',Bezeichnung);
    WriteLn(' Lagerbestand:  ',Bestand);
    WriteLn(' Stückpreis:    ',Stueckpreis:4:2);
    WriteLn(' Lieferant:     ',LiefNr)
  END (*von WITH*)
END; (*von SatzAnzeigen*)


PROCEDURE Abfragen(VAR ArtNrSuch:Integer);
  (*Einen Artikel über die EAN-Artikelnummer suchen*)
VAR
  Gefunden: Boolean;
BEGIN
  DateizeigerZumAnfang;
  Write('EAN-Artikelnummer als Suchbegriff? '); ReadLn(ArtNrSuch);
  IF ArtNrSuch > 0
    THEN BEGIN
           Gefunden := False;
           WHILE NOT (Eof(ArtikelFil) OR Gefunden) DO
           BEGIN
             Read(ArtikelFil,ArtikelRec);
             IF ArtNrSuch = ArtikelRec.Nummer THEN Gefunden:=True
           END;
           IF Gefunden
             THEN SatzAnzeigen
             ELSE BEGIN
                    WriteLn('Satz ',ArtNrSuch,' nicht vorhanden.');
                    ArtNrSuch := -1
                  END
         END
END; (*von Abfragen*)
```

```
PROCEDURE Auflisten;
VAR
  SatzNr: Integer;
BEGIN
  WriteLn('Alle Sätze seriell lesen und anzeigen.');
  DateizeigerZumAnfang;
  SatzNr := -1;
  WriteLn(' Nr:     Artikelnr:      Bezeichnung: Bestandsmenge: Stückpreis:');
  WHILE NOT Eof(ArtikelFil) DO
  BEGIN
    Read(ArtikelFil,ArtikelRec);
    SatzNr := SatzNr + 1;
    WITH ArtikelRec DO
    BEGIN
      Write(SatzNr:3,': ',Nummer:9);
      WriteLn(Bezeichnung:19,Bestand:12,Stueckpreis:14:2)
    END (*von WITH*)
  END (*von WHILE*)
END; (*von Auflisten*)

PROCEDURE Anhaengen;
BEGIN
  DateizeigerZumEnde;
  WriteLn('Erfassung zusätzlicher Artikelsätze.');
  WITH ArtikelRec DO
    BEGIN
      Write('Nummer (0=Ende)?  '); ReadLn(Nummer);
      WHILE Nummer <> 0 DO
      BEGIN
        Write('Bezeichnung?      '); ReadLn(Bezeichnung);
        Write('Bestandsmenge?    '); ReadLn(Bestand);
        Write('Preis je Einheit? '); ReadLn(Stueckpreis);
        Write(ArtikelFil,ArtikelRec);
        WriteLn; Write('Nummer?           '); ReadLn(Nummer)
      END; (*von WHILE*)
    END (*von WITH*)
END; (*von Anhaengen*)

PROCEDURE Aendern;
VAR
  BezAend: STRING(.18.);
BEGIN
  WriteLn('Bestandsfortschreibung bzw. Änderung ohne Bewegungsdatei.');
  AbfragenArtikelnummer(ArtNrSuch);
  IF ArtNrSuch > 0 THEN
    BEGIN
      WriteLn('Zu ändernde Feldinhalte eintippen (Ret=beibehalten):');
      WITH ArtikelRec DO
      BEGIN
        Write(' EAN-Nummer? '); ReadLn(Nummer);
        Write(' Bezeichnung? '); ReadLn(BezAend);
```

```pascal
            IF BezAend <> '' THEN Bezeichnung := BezAend;
            Write(' Bestand?    '); ReadLn(Bestand);
            Write(' Stückpreis? '); ReadLn(Stueckpreis)
            Write(' Lieferernr? '); ReadLn(LiefNr);
        END; (*von WITH*)
        Seek(ArtikelFil,SatzNr-1);          (*da TURBO Sätze ab 0 numeriert*)
        Write(ArtikelFil,ArtikelRec);
        WriteLn('Geänderten Satz auf Datei überschrieben.')
      END (*von THEN*)
END; (*von Aendern*)


PROCEDURE LogischLoeschen;
  (*Negativer Stückpreis bedeutet "als gelöscht markiert"*)
BEGIN
  WriteLn('Einzelne Sätze logisch löschen (0=Ende):');
  REPEAT
  AbfragenArtikelnummer(ArtNrSuch);
  IF ArtNrSuch>0 THEN
    BEGIN
      Write('Löschmarkierung setzen/entfernen (s/e)? ');
      Read(Kbd,Wahl); WriteLn(Wahl);
      IF Wahl IN (.'s','S','e','E'.)
        THEN BEGIN
              ArtikelRec.Stueckpreis := - ArtikelRec.Stueckpreis;
              Seek(ArtikelFil,SatzNr-1);
              Write(ArtikelFil,ArtikelRec);
              WriteLn('Löschmarkierung geändert.')
             END
        ELSE WriteLn('... Löschmarkierung bleibt unverändert.')
    END
  UNTIL ArtNrSuch = 0;
END; (*von LogischLoeschen*)


PROCEDURE PhysischLoeschen;
BEGIN
  WriteLn('Alle logisch gelöschten Sätze (Stückpreise negativ)');
  WriteLn('physisch löschen, d.h. tatsächlich aus Datei entfernen.');
  Write('Name der neuen Zieldatei? '); ReadLn(DateinameNeu);
  Assign(ArtikelNeuFil,DateinameNeu);
  Rewrite(ArtikelNeuFil);
  DateizeigerZumAnfang;
  SatzNr := 0;
  REPEAT
    Read(ArtikelFil,ArtikelRec);
    IF ArtikelRec.Stueckpreis >= 0
      THEN BEGIN
            Write(ArtikelNeuFil,ArtikelRec);
            SatzNr := SatzNr + 1
           END
  UNTIL Eof(ArtikelFil);
  Close(ArtikelNeuFil);
```

```
      WriteLn(DateinameNeu,' mit ',SatzNr,' Sätzen geschlossen.')
END; (*von PhysischLoeschen*)

PROCEDURE Anlegen;
BEGIN
  Write('Alte Datei (falls vorhanden) zerstören (j/n)? ');
  ReadLn(Wahl);
  IF Wahl IN (.'J','j'.) THEN
    BEGIN
      Write('Name der neuen Datei? '); ReadLn(Dateiname);
      Assign(ArtikelFil,Dateiname);
      Rewrite(ArtikelFil);
      WriteLn('Datei leer angelegt.')
    END (*von THEN*)
END; (*von Anlegen*)

PROCEDURE Menue;
BEGIN
  REPEAT
    Write('Weiter mit Return'); ReadLn;
    ClrScr;
    WriteLn('Sequentielle Dateiverwaltung: Aktive Datei ',Dateiname);
    WriteLn('-------------------------------------------------------');
    WriteLn('0   Ende');
    WriteLn('1   Abfragen:    Sätze lesen und anzeigen');
    WriteLn('2   Auflisten:   Alle Sätze seriell lesen');
    WriteLn('3   Anhängen:    Satz auf die Datei speichern');
    WriteLn('4   Aendern:     Satzinhalt ändern bzw. aktualisieren');
    WriteLn('5   Löschen:     Löschmarkierungen setzen/entfernen');
    WriteLn('6   Entfernen:   Markierte Sätze physisch löschen');
    WriteLn('7   Anlegen:     Neue Datei auf Diskette einrichten');
    WriteLn('8   Benennen:    Name für die aktive Datei nennen');
    WriteLn('-------------------------------------------------------');
    Read(Kbd,Wahl); WriteLn(Wahl);
    CASE Wahl OF
      '1': Abfragen;
      '2': Auflisten;
      '3': Anhaengen;
      '4': Aendern;
      '5': LogischLoeschen;
      '6': PhysischLoeschen;
      '7': Anlegen;
      '8': Vorlauf
    END (*von CASE*)
  UNTIL Wahl = '0';
END; (*von Menue*)

PROCEDURE Nachlauf;
BEGIN
  Close(ArtikelFil);
  WriteLn(Dateiname,' geschlossen.')
END;
```

```
BEGIN
  WriteLn('Artikeldatei über ein Menü verwalten.');
  Vorlauf;
  Menue;
  Nachlauf;
  WriteLn('Programmende Artikel1.')
END.
```

Aufgabe 3.8/3: Quelltext zu Programm Versuch1:

```
PROGRAM Versuch1;
   (*Versuchwerte als Real-Array erfassen, als FILE OF Real
     auf Diskette schreiben und von Diskette in den RAM einlesen*)

CONST
  MaxZahl = 100;          (*Annahme: bis zu 100 Zahlenwerte*)
TYPE
  Arraytyp = ARRAY[0..MaxZahl] OF Real;
VAR
  Versuchswerte: Arraytyp;
  Auswahl:       Char;

PROCEDURE Lesen(VAR Arr:Arraytyp);
VAR
  z, Anzahl: Integer;
  n:         Real;
  Dateiname: STRING[16];
  DiskFil:   FILE OF Real;
BEGIN
  Write('Name der Eingabedatei (z.B. Versuch1.DAT)? ');
  ReadLn(Dateiname);
  Assign(DiskFil,Dateiname);
  Reset(DiskFil);
  Read(DiskFil,n);                 (*Anzahl als 0. Element auf Datei
gespeichert*)
  Anzahl := Trunc(n);
  FOR z := 1 TO Anzahl DO
      Read(DiskFil,Arr[z]);
  Close(DiskFil);
  WriteLn('Datei ',Dateiname,' nach dem Einlesen von ',Anzahl);
  WriteLn('Versuchswerten in den RAM geschlossen.')
END;

PROCEDURE Schreiben(Arr:Arraytyp);
VAR
  z, Anzahl: Integer;
  Dateiname: STRING[16];
  DiskFil:   FILE OF Real;
```

```pascal
BEGIN
  Write('Name der Ausgabedatei (z.B. Versuch1.DAT)? ');
  ReadLn(Dateiname);
  Assign(DiskFil,Dateiname);
  Rewrite(DiskFil);
  Write(DiskFil,Arr[0]);
  Anzahl := Trunc(Arr[0]);
  FOR z := 1 TO Anzahl DO
    Write(DiskFil,Arr[z]);
  Close(DiskFil);
  WriteLn('Diskettendatei ',Dateiname,' nach dem Schreiben von');
  WriteLn(Anzahl,' Versuchswerten geschlossen.')
END;

PROCEDURE Erfassen(VAR Arr:Arraytyp);
VAR
  z:    Integer;
  Wert: Real;
BEGIN
  z := 0;
  WriteLn('Versuchswerte einzeln tippen (0=Ende)?');
  ReadLn(Wert);
  WHILE Wert <> 0
  BEGIN
    z := z + 1;
    Arr[z] := Wert;
    Write(z+1,'. Wert? '); ReadLn(Wert)
  END;
  Arr[0] := z;
  WriteLn(z,' Zahlenwerte in einem Array im RAM abgelegt.')
END; (*von Erfassen*)

PROCEDURE Anzeigen(Arr:Arraytyp);
VAR
  z, i, Anzahl: Integer;
BEGIN
  i := 0;
  Anzahl := Trunc(Arr[0]);
  WriteLn('Anzahl der Versuchswerte: ',Anzahl);
  FOR z := 1 TO Anzahl DO
  BEGIN
    i := i + 1;
    Write(Arr[z]:10:2);
    IF i MOD 7 = 0
      THEN BEGIN
             i := 0;
             WriteLn
           END
  END;
  WriteLn; WriteLn('Zahlenwerte komplett am Bildschirm angezeigt.')
END; (*von Anzeigen*)
```

```
BEGIN
  REPEAT
    WriteLn('------------------------------Versuch1.PAS-----');
    WriteLn('0    Ende');
    WriteLn('1    Versuchswerte vom RAM auf Diskette schreiben');
    WriteLn('2    Versuchswerte von Diskette in den RAM einlesen');
    WriteLn('3    Versuchswerte über Tastatur erfassen');
    WriteLn('4    Versuchswerte am Bildschirm anzeigen');
    WriteLn('-----------------------------------------------');
    REPEAT
      ReadLn(Auswahl);
    UNTIL Auswahl IN ['0','1','2','3','4'];
    CASE Auswahl OF
      '1': Schreiben(Versuchswerte);
      '2': Lesen(Versuchswerte);
      '3': Erfassen(Versuchswerte);
      '4': Anzeigen(Versuchswerte)
    END;
    Write('... weiter mit Return'); ReadLn;
  UNTIL Auswahl = '0';
  WriteLn('Programmende Versuch1.')
END.
```

Aufgabe 3.9/1: Bestandteile einer Unit: INTERFACE-Teil für die Schnittstelle und IMPLEMENTATION-Teil als "Anweisungsteil im engeren Sinne".

Aufgabe 3.9/2: Zu Programm T1:
- Die Standard-Unit Crt unterstützt die Bildschirmausgabe und stellt dazu Funktionen wie KeyPressed zur Verfügung.
- XX ist eine benutzerdefinierte Unit. In ihrem INTERFACE-Teil wird die Variable Wert vereinbart, auf die das Programm T1 zugreifen kann. Auch die Kopfzeile der Prozedur YY muß im INTERFACE-Teil der Unit XX stehen; im IMPLEMENTATION-Teil kann sie dann vereinbart sein.

Aufgabe 3.10/1: Zur Overlay-Verwaltung:
a) Die Unit.
b) Initialisierungsteil bei Overlay-Units nicht erlaubt.
c) USES OVERLAY.
d) OvrInit(Dateiname.OVR).

Aufgabe 3.10/2: Hauptprogramm OvrDemo2:
```pascal
PROGRAM OvrDemo2;
  {Zwei Prozeduren aus zwei Overlay-Units als Units aufrufen}
  {F+}                         {... als far codieren}

USES
  Overlay, OvrUnitX, OvrUnitY;
  {$O OvrUnitX}                {Compiler soll OvrUnitX in OvrDemo2.OVR einbinden}
  {$O OvrUnitY}

BEGIN
  OvrInit('OvrDemo2.OVR');  {Overlay-Verwaltung öffnen}
  IF OvrResult <> 0
    THEN BEGIN
           WriteLn('OvrResult = ',OvrResult);
           Halt;
         END
    ELSE
       WriteLn('... Overlay-Verwaltung geöffnet.');
  Ausgabe1;
  Ausgabe2;
  WriteLn('Programmende OvrDemo2.');
END.
```

Aufgabe 3.11/1: Begriffe zur OOP.
   a) *Instanz:* Variable eines Objekttyps, die als Instanzvariable bzw. als
      Objekt bezeichnet wird. Erst mit der Instantiierung bzw. VAR-
      Vereinbarung wird ein Objekt erzeugt.
      Objekt: Instanz, Instanzvariable bzw. Representant eines Objekt-
      typs bzw. einer Klasse. Ein Objekt wird mit einer VAR-Vereinba-
      rung erzeugt.
      Objekttyp oder Klasse: Eine Struktur ähnlich wie ein Recordtyp,
      die Daten und Methoden als Eigenschaften vereinigt.
   b) *Methode:* Eine Prozedur oder eine Funktion, die neben den Daten
      zu einem Objekttyp bzw. einer Klasse gehört. In der Klasse wer-
      den nur die Prozedur- bzw. Funktionsköpfe definiert.
   c) Daten und Methoden einer *Oberklasse* lassen sich an eine *Unter-
      klasse* vererben. Vererbung: Dadurch kann ein Objekttyp Daten
      und Methoden eines anderen Objekttyps, der früher als Oberklasse
      definiert wurde, übernehmen. Die Unterklasse (Nachfolger) erbt
      von der Oberklasse als Ahnenklasse:
      ```pascal
      TYPE Unterklasse = OBJECT(Oberklasse) ... END.
      ```

Aufgaben zu Abschnitt 4 (dBASE IV)

Aufgabe 4.1/1: Anlegen einer neuen Datei:
a) LIST STRUCTURE zeigt die Struktur an und CREATE erzeugt die Struktur.
b) Ja: die Datensatzstruktur bestimmt die Dateistruktur.
c) Dateinamen 8 Zeichen lang und Datenfeldnamen 11 Zeichen lang.

Aufgabe 4.1/2: Erfassen von Datensätzen:
a) APPEND wirksam verlassen (Strg-Ende, Ctrl-End) oder unwirksam verlassen (Esc, Ctrl-Q), also ohne Speicherung der Sätze in der Datei.
b) APPEND ist ein Schreibbefehl bzw. ein Ausgabebefehl.

Aufgabe 4.1/3: Anlegen einer Datei ADRESS1.DBF:
a) TEL muß als String vereinbart sein, da sonst das Zeichen "/" und die führende Null nicht abgelegt werden können.
b) Ausgabeoperationen mit numerischen Variablen sind schwieriger (Grund: Zahlenformat). Die Eingabeprüfung kann bei Strings einfacher durchgeführt werden. Aus diesem Grunde wählt man - wenn immer möglich - den Stringtyp.
c) Datensatzlänge 110 Zeichen (ein Zeichen mehr für die Löschkennzeichnung "*" reserviert).

```
. SET DEFAULT TO b:
. USE adress1
. LIST STRUCTURE
Datenbankstruktur      : B:adress1.dbf
Anzahl der Datensätze :       4
Letztes Änderungsdatum: 03.05.88
Feld    Feldname    Typ        Länge   Dez
   1    NAME        Zeichen      25
   2    VORNAME     Zeichen      10
   3    TITEL       Zeichen      10
   4    ANREDE      Zeichen       5
   5    PLZ         Zeichen       4
   6    ORT         Zeichen      20
   7    STRASSE     Zeichen      20
   8    TEL         Zeichen      15
** Gesamt **                    110
```

Aufgabe 4.1/4: dBASE-Befehle
a) LIST FOR Name = 'F'

  b) LIST FOR 'r ' $ Name
  c) LIST FOR RECNO() = 4 FIELDS Name,Umsatz
  d) LIST FOR (Umsatz>10000) .AND. (Umsatz<100000) FIELD Name

Aufgabe 4.1/5: Sequentieller und direkter Dateizugriff:
  a) Der letzte Datensatz.
  b) 1. Satz lesen und anzeigen, falls Bedingung erfüllt ist. 2. Satz lesen und anzeigen, falls Bedingung erfüllt ist, 3. Satz ... bis Dateiende.
  c) Satzzeiger auf Satz 3 setzen, Satz 3 direkt lesen und anzeigen.
  d) GO 7: Satzzeiger auf den 7. Satz setzen und diesen in den RAM lesen.
      SKIP 7: Satzzeiger vom aktiven Satz ausgehend um 7 Positionen weiterrücken und diesen Satz dann in den RAM einlesen.
      ? RECNO(): Nummer des aktiven Satzes anzeigen.

Aufgabe 4.1/6: Zum Pflegen einer Datei:
  a) Die ersten beiden Befehle sind identisch. Der 3. Befehl bezieht sich auf den aktiven, der 4. Befehl auf alle und der 5. Befehl auf ausgewählte Sätze.
  b) DELETE FOR Name = 'Rohrbach' und dann PACK eingeben.
  c) Umsatz wird zu 1000 bzw. Umsatz wird um 1000 erhöht.
  d) INDEX ist vorteilhaft, da die Hauptdatei unbewegt bleibt und nur eine relativ kleine Indexdatei, die zudem komplett im RAM gehalten werden kann, sortiert wird. SORT ist allenfalls bei einmaligem Sortieren zu verwenden.

Aufgabe 4.1/7: Zum Auswerten der Datei:
  a) Feldvariablen als dateiabhängige Variablen (werden mit USE gelöscht) und Speichervariablen als dateiunabhängige Variablen (bleiben auch nach dem Schließen einer Datei mit USE erhalten).
  b) Summieren und Ergebnis zeigen (SUM) bzw. zusätzlich das Ergebnis speichern (SUM TO).
  c) Test der Funktionen MAX, MIN und ROUND:

```
. List
Satznummer   NUMMER NAME                    UMSATZ
         1      101 Frei                   6500.00
         2      104 Maucher                 295.60
         3      109 Hildebrandt            4990.05
         4      110 Amann                  1018.75
         5      107 Schulte-Tillmann     109000.00
         6      113 Rohrbach              86900.25
         7      115 Schultheiß             4009.80
```

```
        8       103 Freiburger              10000.80
        9       111 Klaus-Schulte          130600.40
       10       117 Schulz-Heidelberger     45080.50


. GO 5
. ? MAX(Umsatz,100000)
109000.00
. ? MIN(Umsatz,100000)
100000.00
. GO 4
. ? ROUND(Umsatz,1)
    1018.80
```

d) Test der Funktionen ISUPPER(), LEFT(), LEN(), LOWER(),
   RIGHT(), STUFF(), SUBSTR(), TRIM() und UPPER():

```
. GO 5
. DISPLAY
Satznummer  NUMMER NAME                    UMSATZ
        5       107 Schulte-Tillmann     109000.00


. ? ISUPPER(Name)
.T.
. ? ISUPPER(ISLOWER(Name))
Ungültiges Funktionsargument.
. ? LEFT(Name,7)
Schulte
. ? LEN(Name)
        20
. ? LOWER(Name)
schulte-tillmann
. ? RIGHT(Name,8)
mann
. ? STUFF(name,9,4,'Klaus')
Schulte-Klausmann
. ? SUBSTR(Name,9,4)
Till
. ? Name,'!'
Schulte-Tillmann       !
. ? TRIM(Name),'!'
Schulte-Tillmann !
. ? OPPER(Name)
SCHULTE-TILLMANN
```

e) Test der Funktionen BOF(), DATE(), LUPDATE(), RECSIZE()
   und TIME():

```
. GO 1
. ? BOF()
```

```
.F.
. SKIP -1
Satz-Nr.       1
. ? BOF()
.T.
. DISPLAY
Satznummer  NUMMER NAME                      UMSATZ
         1     101 Frei                     6500.00
. ? BOF()
.T.
. ? DATE()
10.05.88
. ? LUPDATE()
04.05.88
. ? RECSIZE()
        34
. ? TIME()
03:56:13
```

Aufgabe 4.1/8: Datei TAGUNG1 zur Erfassung von Tagungsteilnehmern:
  a) Dateistruktur mit vier Sätzen:

```
. USE Tagung1
. LIST STRUCTURE
Datenbankstruktur        : B:tagung1.dbf
Anzahl der Datensätze :      6
Letztes Änderungsdatum: 03.05.88
Feld    Feldname    Typ        Länge   Dez
   1    NAME        Zeichen      25
   2    WOHNORT     Zeichen      20
   3    ANKUNFT     Zeichen       5
   4    BEZAHLT     Logisch       1
** Gesamt **                     52
```

  b) Erfassung von Sätzen:

```
. LIST
Satznummer  NAME                 WOHNORT         ANKUNFT BEZAHLT
         1  Hildebrandt          Freiburg        11.30   .T.
         2  Schulte              Tübingen        11.45   .F.
         3  Kai vom Berge        Heidelberg      11.55   .T.
         4  Klauselmann          Essen           12.00   .F.
         5  Severin              Riedseltz       12.00   .F.
         6  Jacobsohn            Freiburg        11.40   .F.
```

Aufgabe 4.1/9: Die Befehlsfolgen dienen dem Löschen aller Sätze der Datei. Bei umfangreichen Dateien dauert DELETE ALL/PACK sehr lange.

Aus diesem Grunde ist das Kopieren der Struktur wesentlich zeitgünstiger.

Aufgabe 4.1/10: Mit SET ALTERNATE TO Dateiname wird eine Textdatei benannt und geöffnet, in der alle Tastatureingaben des Benutzers und alle Ausgaben des dBASE-Systems protokollarisch aufgezeichnet werden. SET ALTERNATE TO schließt die Textdatei wieder (dBASE hängt als Default den Dateityp TXT an). SET ALTERNATE ON schaltet die Protokollierung an und SET ALTERNATE OFF wieder aus. Anstelle von CLOSE ALL kann man auch USE (schließt die DBF-Datei) sowie SET ALTERNATE TO (schließt die TXT-Datei) angeben.

Aufgabe 4.1/11: KundenBe.DBF aus Strukturdatei KunStruc.DBF erzeugen.

a) DISPLAY STRUCTURE zeigt, daß die mit STRUCTURE EXTENDED erzeugte Strukturdatei stets aus fünf Feldern mit Angaben über Name, Datentyp, Länge, Dezimalstellen und Indizierung (ab dBASE IV: Y oder N) besteht. Die Feldlänge 19 verdeutlicht, daß ein Zeichen "*" zur Löschmarkierung vorgesehen ist.

```
. DISPLAY STRUCTURE
Datensatzformat der dB-Datei: A:\KUNSTRUC.DBF
Anzahl der Datensätze:          3
Datum der letzten Aktualisierung: 17.07.89
Feld    Feldname    Typ         Länge   Dez     Index
   1    FIELD_NAME  Zeichen      10              N
   2    FIELD_TYPE  Zeichen       1              N
   3    FIELD_LEN   Numerisch     3              N
   4    FIELD_DEC   Numerisch     3              N
   5    FIELD_IDX   Zeichen       1              N
** Gesamt **                     19
```

b) Strukturdatei KunStruc.DBF um das Datenfeld Bemerkung erweitern und aus dieser Datei dann KundenBe.DBF als neue Datei erzeugen:

```
. USE KunStruc                          && Strukturdatei ändern
. APPEND BLANK                          && Leersatz anhängen
. REPLACE FIELD_NAME WITH 'Bemerkung'   && 3 Feldeintragungen im Leersatz
      1 Datensatz ersetzt
. REPLACE FIELD_TYPE WITH 'C'
      1 Datensatz ersetzt
. REPLACE FIELD_LEN WITH 40
      1 Datensatz ersetzt
. USE                                   && Strukturdatei schließen
```

```
. CREATE KundenBe FROM KunStruc          && Neue Datei erzeugen
. DISPLAY ALL                            && ... Datei ist noch leer
. APPEND FROM Kunden1                     && Sätze einkopieren
        10 Datensätze hinzugefügt


. LIST STRUCTURE
Datensatzformat der dB-Datei: A:\KUNDENBE.DBF
Anzahl der Datensätze:        10                         && Satzübernehme
Datum der letzten Aktualisierung: 17.07.89
 Feld    Feldname    Typ         Länge   Dez    Index
     1   NUMMER      Zeichen       4             N
     2   NAME        Zeichen      20             N
     3   UMSATZ      Numerisch     9     2       N
     4   BEMERKUNG   Zeichen      40             N        && Neues Feld
** Gesamt **                      74
```

Programm-Modus: Das Beispiel zeigt, daß man über COPY STRUCTURE
EXTENDED in Verbindung mit CREATE FROM auch innerhalb von
Programmen DBF-Dateistrukturen ändern bzw. anpassen kann.
Direkt-Modus: Im Gegensatz dazu eignet sich die Strukturänderung über
CREATE bzw. MODIFY STRUCTURE nur für die Arbeit im Direkt-
Modus am "."-Prompt von dBASE.

Aufgabe 4.2.1/1: dBASE-Quelltext zu Programm Suchen1a als Erweiterung zu Programm Suchen1:

```
* ====== Programm Suchen1a
SET TALK OFF
ACCEPT 'Name der Kundendatei? ' TO Dateiname
USE &Dateiname
INPUT 'Umsatzgrenze? ' TO Grenze
LOCATE FOR Umsatz > Grenze
? Name,'mit ',Umsatz,' DM Umsatz.'
USE
? 'Programmende Suchen1a.'
RETURN
```


Aufgabe 4.2.1/2: Befehlserklärungen.
   a) Datei MESSDAT1 öffnen (USE MESSDAT1 und USE MESS-
      DAT1.DBF) bzw. die Datei öffnen, deren Dateiname in der Varia-
      blen MESSDAT1 abgelegt ist (USE &MESSDAT1).
   b) Programm A.PRG ändern (MODIFY COMMAND A), Programm
      A.PRG ausführen (DO A oder DO A.PRG) bzw. dBASE-Quelltext
      von Programm A.PRG anzeigen (TYPE A.PRG).

c) Programmdatei (PRG) bzw. Datensatzdatei (DBF).

d) Aktiven Satz zeigen mit (DISPLAY) oder ohne Satznummern (DIS-PLAY OFF), den Namen zeigen (DISPLAY Name bzw. ? Name).

e) Kommentar (* Freiburg), Stringausgabe (? 'Freiburg'), Inhalt einer Variablen ausgeben (? Freiburg) bzw. Kommentar als Ergänzung zu einer Befehlszeile (&& Freiburg).

f) Inhalt der Datendatei (LIST) bzw. der Programmdatei (TYPE X) anzeigen.

g) Datei schließen, d.h. Arbeit mit einer Datei beenden (USE), maskenorientierten Befehl beenden (Strg-Ende z.B. bei APPEND, EDIT, BROWSE) bzw. Programmausführung oder Unterprogrammausführung beenden (RETURN).

h) Drucker an- bzw. ausschalten.

Aufgabe 4.2.1/3: Protokollierung (vgl. auch Aufgabe 10, Abschnitt 4.1): Der eingegebene Name ProgNeu wird zu ProgNeu.PRG erweitert, damit über *SET ALTERNATE TO ProgNeu.PRG* diese Datei als Protokolldatei geöffnet wird (sonst würde ProgNeu.TXT geöffnet). Dann werden fünf Ausgabebefehle ? ausgeführt: Mit ? 'USE Kunden1' wird also der Befehl USE Kunden1 protokolliert. Mit DO ProgNeu kann man nun das automatisch erzeugte Programm ausführen lassen.

```
. DO ProgErz
Kompilieren der Zeile:        15
Name des neuen Programms? ProgNeu
ProgNeu.PRG
USE Kunden1
INDEX ON Umsatz TO KunUms.NDX
LIST Name, Umsatz, Nummer
USE
RETURN
```

```
. TYPE ProgNeu.PRG
USE Kunden1
INDEX ON Umsatz TO KunUms.NDX
LIST Name, Umsatz, Nummer
USE
RETURN

. DIR Prog*.*
PROGERZ.PRG PROGERZ.DBO  PROGNEU.PRG
1186 Byte in 3 Datei(en)
```

Aufgabe 4.2.3/1: Schleife bis zum Dateiende über das Programm Lesen1a.PRG.

a) Der COUNT-Befehl positioniert den Satzzeiger zum Dateiende. Aus diesem Grunde ist *vor* Eintritt in die WHILE-Schleife der Befehl GO TOP zu geben.

b) Lesen1 ist allgemeiner: Dateiname variabel; Anzeigen aller Datenfelder; Wartepunkt nach jeder Satzausgabe.

Aufgabe 4.2.3/2: Quelltext zu Programm Lesen2a.PRG als Änderung zu Programm Lesen2.

```
* ====== Programm Lesen2a
ACCEPT 'Welche Datei lesen? ' TO D
USE &D
SET TALK OFF
ACCEPT 'Kundenname (Return = Ende)? ' TO NameSuch
DO WHILE ASC(NameSuch) <> 0
  LOCATE FOR NameSuch$Name
  ? '... mit Umsatz ',Umsatz
  ACCEPT 'Kundenname? ' TO NameSuch
ENDDO
USE
? 'Programmende Lesen2a'
RETURN
```

Aufgabe 4.2.3/3: Quelltext zu Programm Lesen3a.PRG als Änderung zu
Programm Lesen3.

```
* ====== Programm Lesen3a
USE Kunden1
INPUT 'Die ..?.. letzten Sätze lesen? ' TO Anzahl
GP BOTTOM
z = 0
Satznr = recno()
? 'Kundenname:           Umsatz: Kundennr:'
DO WHILE z < Anzahl
  ? Name, Umsatz, Nummer
  z = z + 1
  SatzNr = SatzNr - 1
  GO SatzNr
ENDDO
USE
? 'Programmende Lesen3a.'
RETURN
```

Aufgabe 4.2.4/1: Datensatzgruppe lesen über LOCATE und LIST FOR.
  a) Ausführung zu Programm Lesen6:

```
. DO Lesen6
Datensätze mit gleichem Mindestumsatz anzeigen
Dateiname? Kunden1
Mindestumsatz? 100000
Schulte-Tillmann       109000.00
weiter?
Klaus-Schulte          130600.40
weiter?
Programmende Lesen6.
```

b) Quelltext zu Programm Lesen6a.PRG: **c) Struktogramm:**

```
* ====== Programm Lesen6a
? 'Datensätze mit gleichem Mindestumsatz anzeigen (SKIP-Lösung)'
ACCEPT 'Dateiname? ' TO Datei
USE (Datei)
INPUT 'Mindestumsatz? ' TO Mindest
DO WHILE .NOT. EOF()
  IF Umsatz >= Mindest
    ? Name, Umsatz
    WAIT 'weiter?'
  ENDIF
  SKIP
ENDDO
USE
? 'Programmende Lesen6a.'
RETURN
```

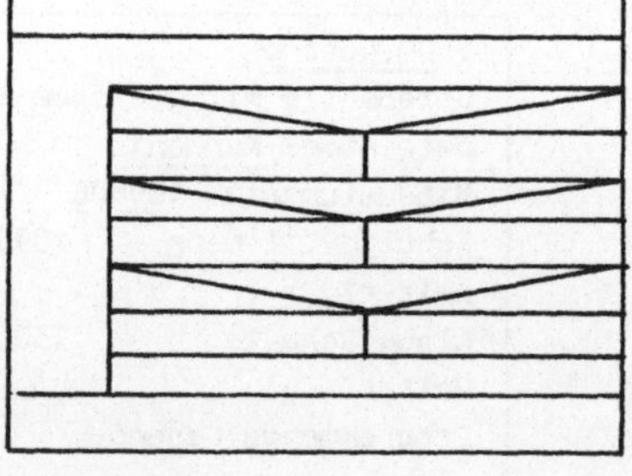

Aufgabe 4.2.4/2: dBASE-Quelltext zu Programm Lesen7.

```
* ====== Programm Lesen7
ACCEPT 'Name der Kundendatei? ' TO Datei
USE (Datei)                                      && () ab dBASE IV
ACCEPT 'Datei nach Namen sortiert (j/n)? ' TO JaNein
IF JaNein = 'j'
  INDEX ON Name TO Kund-Nam
ENDIF
LIST
USE
? 'Programmende Lesen7.'
RETURN
```

Aufgabe 4.2.4/3: Drei Datensatzgruppen bilden.
a) Quelltext zu Programm Lesen8 mit IF: **c) Struktogramm:**

```
* ====== Programm Lesen8
ACCEPT 'Dateiname? ' TO Datei
USE &Datei
STORE 0 TO z1, z2, z3
DO WHILE .NOT. ROF()
  IF Umsatz < 50000
    z1 = z1 + 1
  ENDIF
  IF Umsatz >= 50000 .AND. Umsatz < 100000
    z2 = z2 + 1
```

```
        ENDIF
        IF Umsatz > 100000
          z3 = z3 + 1
        ENDIF
        SKIP
    ENDDO
    ? 'Kunden mit Umsatz < 50000:            ',z1
    ? 'Kunden mit 50000 <= Umsatz < 100000:',z2
    ? 'Kunden mit Umsatz >= 100000:         ',z3
    USE
    ? 'Programmende Lesen8.'
    RETURN
```

b) Quelltext zu Programm Lesen8a mit CASE: **c) Struktogramm:**

```
    * ====== Programm Lesen8a
    SET TALK OFF
    ACCEPT 'Dateiname? ' TO Datei
    USE &Datei
    STORE 0 to z1, z2, z3
    DO WHILE .NOT. EOF()
      DO CASE
        CASE Umsatz < 50000
          z1 = z1 + 1
        CASE Umsatz < 100000
          z2 = z2 + 1
        CASE Umsatz > 100000
          z3 = z3 + 1
      ENDCASE
      SKIP
    ENDDO
    ? 'Kunden mit Umsatz < 50000:            ',z1
    ? 'Kunden mit 50000 <= Umsatz < 100000:',z2
    ? 'Kunden mit Umsatz >= 100000:         ',z3
    USE
    ? 'Programmende Lesen8a.'
    RETURN
```

Aufgabe 4.2.4/4: Fehlendes Programmstück zu Programm Mehrfach:

```
mAnzahl = 0
DO WHILE .NOT. EOF()                        && Suchschleife in sortierter Datei
  mWert = &mFeld
  SKIP
  DO WHILE mWert=&mFeld .AND. .NOT. EOF()   && Sätze mit mehrfach belegten
    IF mWert = &mFeld                       && Feldern müssen hintereinander
      DELETE                                && liegen, da sortiert
      mAnzahl = mAnzahl + 1
```

```
            ? mWert,' gelöscht in Satz ',RECNO()
          SKIP
        ENDIF
    ENDDO
ENDDO
IF mAnzahl > 0
  PACK
  ? mAnzahl,' Eintragungen gelöscht.'
  COPY TO &mDateiNeu                      && Datei (Struktur+Inhalt) kopieren
ELSE
  ? 'Keine Mehrfacheintragungen gefunden.'
ENDIF
```

Aufgabe 4.2.5: Quelltext zu Programm KundMen3.PRG.

```
* ====== Programm KundMen3
* Menütechnik. Wie KundMen1, aber mit Prozedurdatei KundPro3
ACCEPT 'Name der Kundendatei? ' TO Datei
USE &Datei
SET PROCEDURE TO KundPro3
Auswahl = 99
DO WHILE Auswahl <> 0
   ? 'Verwaltung der Kundendatei ',Datei
   ? '0  Ende'
   ? '1  Datensätze erfassen'
   ? '2  Dateiinhalt komplett anzeigen'
   ? '3  Sätze über den Namen suchen'
   ? '4  Sätze mit Mindestbestand anzeigen'
   ? '5  Sätze über Satznummer ändern'
   INPUT 'Auswahl 0 bis 5? ' TO Auswahl
   IF Auswahl = 1
     USE kunden1p
     APPEND
     USE
   ENDIF
   IF Auswahl = 2
     DO lesen0p
   ENDIF
   IF Auswahl = 3
     DO suchen2p
   ENDIF
   IF Auswahl = 4
     DO lesen4p
   ENDIF
   IF Auswahl = 5
     DO lesen2p
   ENDIF
   WAIT '... weiter?'
```

```
      CLEAR
ENDDO
CLOSE PROCEDURE
USE
? 'Programmende KundMen3.'
RETURN
```

Prozedurdatei KundPro3.PRG zum Aufruf über das Menüprogramm KundMen3.PRG

```
* ====== Prozedurdatei KundPro3
* In Programm KundMen3.PRG mit set procedure to KundPro3 geöffnen
PROCEDURE Lesen0p
* Kundendatei starr fortlaufend lesen
? 'Inhalt der aktiven Kundendatei:'
LIST
? 'Ende von Prozedur Lesen0p.'
RETURN


PROCEDURE Suchen2p
* Zweiseitige Auswahlstruktur. Suchbefehl Locate.
ACCEPT 'Welchen Kundennamen suchen? ' TO NameSuch
GO TOP
LOCATE FOR NameSuch $ Name            && Satzzeiger auf gesuchten Satz
IF EOF()                              && oder IF .NOT. FOUND()
   ? '... Kunde',NameSuch,'nicht gefunden.'
ELSE
   DISPLAY Name,Umsatz,Nummer
ENDIF
? 'Ende von Prozedur Suchen2p.'
RETURN


PROCEDURE Lesen4p
* Programmstrukturen hintereinander und geschachtelt anordnen
INPUT 'Sätze ab welchem Umsatz zeigen? ' TO Mindestumsatz
Anzahl = 0
GO TOP
DO WHILE .NOT. EOF()
   IF Umsatz >= Mindestumsatz
     ? Name, Umsatz
     Anzahl = Anzahl + 1
   ENDIF
   SKIP 1
ENDDO
IF Anzahl > 0
   ? 'Anzahl der Kunden: ',STR(Anzahl,2)
ELSE
   ? '... kein Satz gefunden.'
ENDIF
```

```
       ? 'Ende von Prozedur Lesen4p.'
       RETURN


       PROCEDURE Lesen2p
       * Satzinhalte ändern. Offene Schleife.
       INPUT 'Satznummer des zu ändernden Satzes (0=Ende)? ' TO  NummerAend
       DO WHILE NummerAend <> 0
         EDIT NummerAend
         CLEAR
         INPUT 'Kunde mit welcher Satznummer ändern (0=Ende) ' TO NummerAend
       ENDDO
       ? 'Ende von Prozedur Lesen2p.'
       RETURN
```

Ausführungsbeispiel zu Programm KundMen3.PRG:

```
. DO KundMen3
Name der Kundendatei? kunden1
Verwaltung der Kundendatei   kunden1
0  Ende
1  Datensätze erfassen
2  Dateiinhalt komplett anzeigen
3  Sätze über den Namen suchen
4  Sätze mit Mindestbestand anzeigen
5  Sätze über Satznummer ändern
Auswahl 0 bis 5? 4
Sätze ab welchem Umsatz zeigen? 100000
Schulte-Tillmann        109000.00
Klaus-Schulte           130600.40
Anzahl der Kunden:    2
Ende von Prozedur Lesen4p.
... weiter? _
0  Ende
1  ...
```

Aufgabe 4.2.5/2: Quelltext zu Menüprogramm VersMen1.PRG.

```
       * ====== Programm VersMen1
       * Menütechnik. Erweiterung zu KundMen2. Unterprogramme in Prozedurdatei
       * VersPro1.PRG im RAM abgelegt
       CLEAR ALL
       CLEAR
       SET TALK OFF
       ? 'Zahlenwerte einer Versuchsreihe speichern und abrufen.'
       ACCEPT 'Dateiname (z.B. VERSUCH1.DBF)? ' TO Datei
       USE &Datei
       SET PROCEDURE TO VersPro1
       Weiter = .T.
```

```
DO WHILE Weiter
  ? '----------------- ',Datei
  ? '0  Ende des Menüprogramms VersMen1'
  ? '1  Versuchswerte auf Datei schreiben'
  ? '2  Versuchswerte von Datei lesen'
  ? '-----------------------------'
  WAIT 'Auswahl 0 bis 2? ' TO Auswahl
  DO CASE
    CASE Auswahl = '0'
      Weiter = .F.
    CASE Auswahl = '1'
      DO Schreib1
    CASE Auswahl = '2'
      DO Lesen1
    OTHERWISE
      ? '... nur 0, 1 oder 2 wählen'
  ENDCASE
  WAIT '... weiter?'
  CLEAR
ENDDO
CLOSE PROCEDURE
CLEAR ALL
? 'Programmende VersMen1.'
RETURN
```

Prozedurdatei VersPro1.PRG zum Aufruf über VersMen1.PRG:

```
* ====== Prozedurdatei VersPro1
* In Programm VersMen1.PRG geöffnet mit set procedure to VersPro1

PROCEDURE Schreib1
  APPEND
  ? 'Ende von Prozedur Schreib1.'
RETURN

PROCEDURE Lesen1
  LIST
  ? 'Ende von Prozedur Lesen1.'
RETURN
```

Ausführungsbeispiel zu Programm VersMen1.PRG:

```
----------------- versuch1
0  Ende des Menüprogramms VersMen1
1  Versuchswerte auf Datei schreiben
2  Versuchswerte von Datei lesen
-----------------------------

Auswahl 0 bis 2? 2
```

```
Satznummer          WERT
         1      87.004550
         2      89.811740
         3      88.131144
         4      82.666120
         5     101.330000
         6      99.240000
         7      99.980000


Ende von Prozedur Lesen1.
... weiter? __
```

Aufgabe 4.2.5/3: Die Ausführung zu StopProg.PRG zeigt, wie nach dem Ausdrucken von zwei Sätzen der Ausgabevorgang gestoppt wird.

```
. DO StopProg
  Ausführung starten mit Tastendruck.
 Seite:  1
 101 Frei                    6500,00
 104 Maucher                10000,80
 Vorgang stoppen (j/n)? j
 Ende von Demonstrationsprogramm StopProg.
```

```
PROCEDURE Stoppen                          && Gerufen von StopProg.PRG
CLEAR TYPEAHEAD       && Pufferspeicher für Tastatureingabe leeren
ACCEPT 'Vorgang stoppen (j/n)? ' TO mJN
IF mJN $ 'jJ'
  mWeiter = .F.       && Globale Variable in Prozedur Drucken
ENDIF
RETURN


PROCEDURE Drucken                          && Gerufen von StopProg.PRG
* SET DEVICE TO PRINTER                     && Zum Ausdrucken * weglassen
Seite = 0                                   && Seitenzähler
Zeile = 99                                  && Zeilenzähler (99 erzwingt neue S
DO WHILE .NOT. EOF() .AND. mWeiter
  IF Zeile > 70
    Seite = Seite + 1
    @ 1,1 SAY 'Seite: ' + STR(Seite,2)      && Kopfzeile der neuen Seite
    Zeile = 2
  ENDIF
  @ Zeile,1 SAY Nummer + Name + STR(Umsatz,10,2)
  SKIP
  Zeile = Zeile + 1
  DO Zeit                                   && Zeitverzögerung zum Testen der
ENDDO                                       && Unterbrechung über Tastendruck
SET DEVICE TO SCREEN
```

```
RETURN

PROCEDURE Zeit                              && Gerufen von Drucken
t = 1                          && Zeitverzögerung zwecks Programmtest
DO WHILE t < 5000              && über Zählerschleife
  t = t + 1
ENDDO
RETURN
```

Aufgabe 4.3/1: Ausführungsprotokoll zu Programm Main1.

```
. DO Main1
Kompilieren der Zeile:        16
String für s1? Klaus
String für s2? Tilli
s1,s2,s3 in Verkette:  Klaus Tilli KlausTilli
Ende von Prozedur Verkette.
s1,s2,s3 in Main1:  Klaus Tilli KlausTilli
Ende von Programm Main1.
. ? s2,s3
Tilli KlausTilli
. ? s1                                    && RETURN von Main1 löscht s1
  Variable nicht gefunden
. CLEAR MEMORY
. ? s1,s2,s3
  Variable nicht gefunden
```

Aufgabe 4.3/2: Ausführungsbildschirm zu Programm Main2.

```
. DO Main2
z1,z2,z3 in Addiere:      99        2        101
Ende von Prozedur Addiere.
z1,z2,z3 in Addiere:       5        6         11
Ende von Prozedur Addiere.
z1,z2,z3 in Addiere:       5     7777       7782
Ende von Prozedur Addiere.
x1,z3 in Main2:        5     7777           && Ausblenden-
Ende von Programm Main2.                    && Regel für z3=7777
```

Aufgabe 4.3/3: Ausführungsbildschirm zu Programm Main3:

```
. DO Main3
t1 in Zeige:   zwanzig
u1 in Ausgabe:  zwanzig
Ende von Prozedur Ausgabe.          && Parameterübergabe bei
Ende von Prozedur Zeige.            && Prozedurenschachtelung
```

```
t1 in Zeige:          20
u1 in Ausgabe:        20
Ende von Prozedur Ausgabe.
Ende von Prozedur Zeige.
Ende von Programm Main3.
```

Aufgabe 4.3/4: Quelltext zu einer Funktion namens JaNein, die von Programm JN.PRG aufgerufen wird:

```
FUNCTION JaNein
  PARAMETERS Meldung
  IF LEN(RTRIM(Meldung)) = 0
    Meldung = 'Ihre Antwort'                && Andere Möglichkeit (besser?):
  ENDIF
  Meldung = Meldung + ' (j/n)?'             && mNochmals = .T.
  DO WHILE .T.                              && DO WHILE mNochmals
    mWahl = ' '
    @ 21,1 SAY Meldung GET mWahl
    READ
    DO CASE
      CASE mWahl $ 'jJ'
        RETURN .T.                          && mNochmals = .F.    mZurueck = .T.
      CASE mWahl $ 'nN'
        RETURN .F.                          && mNochmals = .F.    mZurueck = .F.
      OTHERWISE
        ?? CHR(7)
    ENDCASE
  ENDDO
* Ende der Funktion JaNein                  && RETURN mZurueck
```

Aufgabe 4.4/1: Programme Kun8 und KunProz8 siehe Begleitdiskette.

Aufgabe 4.4/2: Programme Verwalt1 und VerProz1 siehe Begleitdiskette.

Aufgabe 4.5.1/1: Bildschirm bei Ausführung von Programm ASCII_1 (die Steuerzeichen 0 - 31 können nicht alle gedruckt bzw. angezeigt werden):

```
Zeichen 0 - 127 gemäß ASCII:

   0      1 ☺    2 ●    3 ♥    4 ♦    5 ♣    6 ♠    7      8      9
  10     11     12     13     14     15    16 ►   17 ◄   18 ↕   19 ‼
  20 ¶   21 §   22 ▬   23 ↨   24 ↑   25 ↓   26 →   27     28 ─   29 ↔
  30 ▲   31     32     33 !   34 "   35 #   36 $   37 %   38 &   39 '
  40 (   41 )   42 *   43 +   44 ,   45 -   46 .   47 /   48 0   49 1
```

```
50 2    51 3    52 4    53 5    54 6    55 7    56 8    57 9    58 :    59 ;
60 <    61 =    62 >    63 ?    64 ə    65 A    66 B    67 C    68 D    69 E
70 F    71 G    72 H    73 I    74 J    75 K    76 L    77 M    78 N    79 O
80 P    81 Q    82 R    83 S    84 T    85 U    86 V    87 W    88 X    89 Y
90 Z    91 [    92 \    93 ]    94 ^    95 _    96 `    97 a    98 b    99 c
100 d   101 e   102 f   103 g   104 h   105 i   106 j   107 k   108 l   109 m
110 n   111 o   112 p   113 q   114 r   115 s   116 t   117 u   118 v   119 w
120 x   121 y   122 z   123 {   124 |   125 }   126 ~   127 ⌂
Irgendeine Taste drücken um weiterzumachen...


Zeichen 128 - 255 gemäß ASCII:


128 Ç   129 ü   130 é   131 â   132 ä   133 à   134 å   135 ç   136 ê   137 ë
138 è   139 ï   140 î   141 ì   142 Ä   143 Å   144 É   145 æ   146 Æ   147 ô
148 ö   149 ò   150 û   151 ù   152 ÿ   153 Ö   154 Ü   155 ¢   156 £   157 ¥
158 ₧   159 ƒ   160 á   161 í   162 ó   163 ú   164 ñ   165 Ñ   166 ª   167 º
168 ¿   169 ⌐   170 ¬   171 ½   172 ¼   173 ¡   174 «   175 »   176 ░   177 ▒
178 ▓   179 │   180 ┤   181 ╡   182 ╢   183 ╖   184 ╕   185 ╣   186 ║   187 ╗
188 ╝   189 ╜   190 ╛   191 ┐   192 └   193 ┴   194 ┬   195 ├   196 ─   197 ┼
198 ╞   199 ╟   200 ╚   201 ╔   202 ╩   203 ╦   204 ╠   205 ═   206 ╬   207 ╧
208 ╨   209 ╤   210 ╥   211 ╙   212 ╘   213 ╒   214 ╓   215 ╫   216 ╪   217 ┘
218 ┌   219 █   220 ▄   221 ▌   222 ▐   223 ▀   224 α   225 β   226 Γ   227 π
228 Σ   229 σ   230 µ   231 τ   232 Φ   233 Θ   234 Ω   235 δ   236 ∞   237 φ
238 ∈   239 ∩   240 ≡   241 ±   242 ≥   243 ≤   244 ⌠   245 ⌡   246 ÷   247 ≈
248 °   249 ∙   250 ·   251 √   252 η   253 ²   254 ■   255
```

Aufgabe 4.5.2/1: Prozeduren Zeigen1, Eingabe1, Eingabe2 und Summe1 sowie ein Ausführungsbeispiel zu Programm Array2:

```
PROCEDURE Zeigen1
* Array sequentiell lesen
i = 1
? 'Inhalt des Arrays:'
DO WHILE i <= iMax
   ? i,Umsatz[i]
   i = i + 1
ENDDO
RETURN

PROCEDURE Eingabe1
* Werte in Array eingeben
i = 0
DO WHILE i < iMax
   i = i + 1
   ? 'Umsatz am ',i,'. Tag: ',Umsatz[i]
   INPUT 'Neuer Wert? ' TO Umsatz[i]
ENDDO
RETURN
```

```
PROCEDURE Eingabe2
* Wert an bestimmte Stelle eingeben
INPUT 'Welcher Tag? ' TO i
? 'Bislang gespeichert: ',Umsatz[i]
INPUT 'Neuer Wert? ' TO Umsatz[i]
RETURN

PROCEDURE Summe1
* Alle Array-Elemente aufsummieren
STORE 0 TO i,Summe
DO WHILE i < iMax
  i = i + 1
  Summe = Summe + Umsatz[i]
ENDDO
? 'Summe der Umsätze: ',Summe
? 'Durchschnitt: ',Summe/iMax
RETURN
```

```
Anzahl der Elemente für Array Umsatz? 4
Umsätze z)eigen, k)omplett e)inzeln eingeben s)ummieren ex)it? z
Inhalt des Arrays:
        1 .F.
        2 .F.                          && Unbelegte Elemente mit Wert .F.
        3 .F.
        4 .F.
Umsätze z)eigen, k)omplett e)inzeln eingeben s)ummieren ex)it? k
Umsatz am          1 . Tag:   .F.
Neuer Wert? 100
Umsatz am          2 . Tag:   .F.
Neuer Wert? 250
Umsatz am          3 . Tag:   .F.
Neuer Wert? 781
Umsatz am          4 . Tag:   .F.
Neuer Wert? 103
Umsätze z)eigen, k)omplett e)inzeln eingeben s)ummieren ex)it? s
Summe der Umsätze:        1234
Durchschnitt:        308,50
Umsätze z)eigen, k)omplett e)inzeln eingeben s)ummieren ex)it? e
Welcher Tag? 3
Bislang gespeichert:        781
Neuer Wert? 800.50
Umsätze z)eigen, k)omplett e)inzeln eingeben s)ummieren ex)it? z
Inhalt des Arrays:
        1      100
        2      250
        3      800,50
        4      103
Umsätze z)eigen, k)omplett e)inzeln eingeben s)ummieren ex)it? x
Ende von Programm Array2.
```

Aufgabe 4.5.2/2: Zu Programm Array3 (Daten aus Datei Kunden1.DBF in einen Array namens Umsatz übernehmen).

   a) Prozedur ZeilenAnzahl zu Programm Array3:

```
PROCEDURE ZeilenAnzahl
i = 1
mAbbruch = .F.
DO WHILE .NOT. (i>=iMax .OR. mAbbruch)
   IF TYPE('Tabelle[i,1]') = 'L'      && Datentyp Logisch bzw. .F. (für
unbelegt)
      iAnzahl = i-1
      mAbbruch = .T.
   ELSE
     i = i + 1
   ENDIF
ENDDO
? 'Anzahl belegter Zeilen des Arrays:', iAnzahl
RETURN
```

   b) Prozedur Anzeigen zu Programm Array3:

```
PROCEDURE Anzeigen
? 'Inhalt der belegten Zeilen des Arrays:'
i = 0
DO WHILE i < iAnzahl
   i = i + 1
   ? Tabelle[i,1],Tabelle[i,2]
ENDDO
RETURN
```

Aufgaben zu Abschnitt 5 (Multiplan)

Aufgabe 5.1/1: Tabelle Jahr1.TAB in Formeldarstellung.

```
    -1              1                    2
   1 "Jahr1.TAB"
   2 "Jahresproduktion im
   3
   4 "RÜCKBLICK:"
   5 " "                    "1. Quartal"
   6
   7 "1085"                 7200
   8 "1986"                 9320
   9 "1987"                 10109
  10 "1988"                 8699
  11
  12 "Summe"                Z7S2+Z8S2+Z9S2+Z10S2
  13
```

Aufgabe 5.2/1: Tabelle Kalk1.TAB in Formeldarstellung.

```
    -1                       1                2                    3
   1 "Kalk1.TAB"
   2 "Kalkulation von den Selbst
   3
   4                                   "%-Sätze"      "Produkt 1"
   5                                   "----------"   "----------"
   6 "Selbstkosten"                                   6000
   7 "+ Gewinnzuschlag (vH)"          20             Z7S2*Z6S3%
   8 "= Barverkaufspreis"                            Z6S3+Z7S3
   9
  10 "+ Kundenskonto (iH)"            2
  11 "+ Vertreterprovision (iH)"      8,125
  12 "              gesamt"           Z10S2+Z11S2    Z8S3*Z12S2/(100-Z12S
  13 "= Zielverkaufspreis"                           Z8S3+Z12S3
  14
  15 "+ Kundenrabatt (iH)"            20             Z13S3*Z15S2/(100-Z15
  16 "= Verkaufspreis"                               Z13S3+Z15S3
  17                                                 "=========="
```

Aufgabe 5.2/2: Tabelle DMFranc1.TAB in Formeldarstellung.

```
    -1                         1                                    2
   1 "DMFranc1.TAB"
   2 "Wechselkursumrechnung DM in Francs (FF)"
   3
   4 "Eingabe von DM?"                                       500
```

```
5 "Ausgabe von Francs:"                              Z4S2*Z7S2
6
7 "Kurs Francs je DM?"                               2,65
8
```

Aufgabe 5.4/1: Tabelle Jahr2.TAB als Erweiterung zu Tabelle Jahr1.TAB in Normaldarstellung.

```
 -1         1         2         3         4         5         6
  1 Jahr2.TAB
  2 Jahresproduktion quartalsweise im Rückblick
  3
  4 RÜCKBLICK:
  5            1.Quartal 2.Quartal 3.Quartal 4.Quartal Jahrsumme
  6
  7 1985          7200     11000      9090      9800     37090
  8 1986          9320     10100      9892     10298     39610
  9 1987         10109     12987      8911      9967     41974
 10 1988          8699     11600      9591     10000     39890
 11
 12 Summe        35328     45687     37484     40065    158564
 13
```

Spalten 1 - 3 zu Tabelle Jahr2.TAB in Formeldarstellung:

```
 -1             1                    2                    3
  1 "Jahr2.TAB"
  2 "Jahresproduktion qu
  3
  4 "RÜCKBLICK:"
  5 " "                  "1.Quartal"          "2.Quartal"
  6
  7 "1985"               7200                 11000
  8 "1986"               9320                 10100
  9 "1987"               10109                12987
 10 "1988"               8699                 11600
 11
 12 "Summe"              Z(-5)S+Z(-4)S+Z(-3)S Z(-5)S+Z(-4)S+Z(-3)S
 13
```

Spalten 5 und 6 zu Tabelle Jahr2.TAB in Formeldarstellung:

```
 -1                 5                        6
  1
  2
  3
```

```
 4
 5 "4.Quartal"                     "Jahrsumme"
 6
 7 9800                            ZS(-4)+ZS(-3)+ZS(-2)+ZS(-1)
 8 10298                           ZS(-4)+ZS(-3)+ZS(-2)+ZS(-1)
 9 9967                            ZS(-4)+ZS(-3)+ZS(-2)+ZS(-1)
10 10000                           ZS(-4)+ZS(-3)+ZS(-2)+ZS(-1)
11
12 Z(-5)S+Z(-4)S+Z(-3)S+Z(-2)S   Z(-5)S+Z(-4)S+Z(-3)S+Z(-2)S
13
```

Aufgabe 5.4/2: Tabelle Kalk2.TAB als Erweiterung zu Tabelle Kalk1-.TAB in Normaldarstellung:

```
 -1                 1            2         3         4         5
 1 Kalk2.TAB
 2 Kalkulation von den Selbstkosten zum Verkaufspreis (mehrspaltig)
 3
 4                            %-Sätze  Produkt 1 Produkt 2 Produkt 3
 5                            -------- --------- --------- ---------
 6 Selbstkosten                         6000,00   7000,00    500,00
 7 + Gewinnzuschlag (iH)       20,000   1200,00   1400,00    100,00
 8 = Barverkaufspreis                   7200,00   8400,00    600,00
 9
10 + Kundenskonto (iH)          2,000
11 + Vertreterprovision (iH)    8,125
12                  zusammen   10,125    811,13    946,31     67,59
13 = Zielverkaufspreis                  8011,13   9346,31    667,59
14
15 + Kundenrabatt (iH)         20,000   2002,78   2336,58    166,90
16 = Verkaufspreis                     10013,91  11682,89    834,49
17                                     ========= ========= =========
```

Spalten 1 und 2 zu Tabelle Kalk2.TAB in Formeldarstellung:

```
 -1                          1                                    2
 1 "Kalk2.TAB"
 2 "Kalkulation von den Selbstkosten zum Verkaufsprei
 3
 4                                                        "%-Sätze"
 5                                                        "---------"
 6 "Selbstkosten"
 7 "+ Gewinnzuschlag (iH)"                                      20
 8 "= Barverkaufspreis"
 9
10 "+ Kundenskonto (iH)"                                         2
11 "+ Vertreterprovision (iH)"                              8,125
```

```
12 "                 zusammen"                      SKONTOPROZ+PROVPROZ
13 "= Zielverkaufspreis"
14
15 "+ Kundenrabatt (iH)"                            20
16 "= Verkaufspreis"
17
```

Spalten 3 und 4 zu Tabelle Kalk2.TAB in Formeldarstellung:

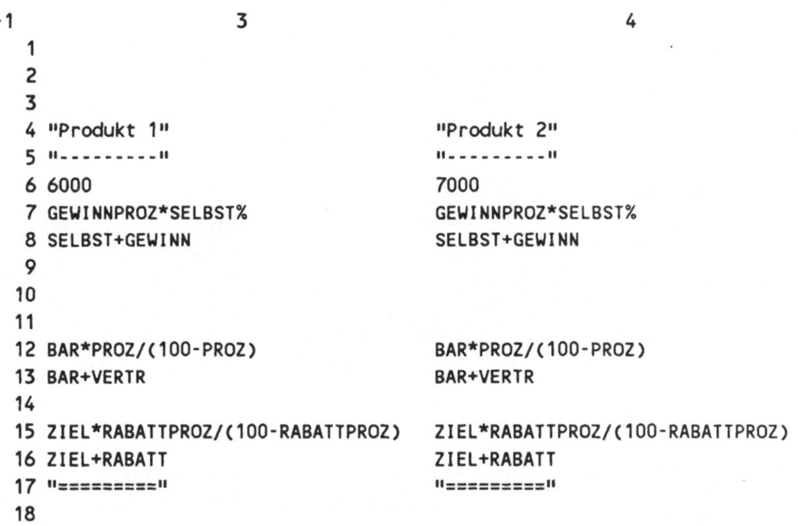

```
-1                  3                                    4
   1
   2
   3
   4 "Produkt 1"                          "Produkt 2"
   5 "---------"                          "---------"
   6 6000                                 7000
   7 GEWINNPROZ*SELBST%                   GEWINNPROZ*SELBST%
   8 SELBST+GEWINN                        SELBST+GEWINN
   9
  10
  11
  12 BAR*PROZ/(100-PROZ)                  BAR*PROZ/(100-PROZ)
  13 BAR+VERTR                            BAR+VERTR
  14
  15 ZIEL*RABATTPROZ/(100-RABATTPROZ)     ZIEL*RABATTPROZ/(100-RABATTPROZ)
  16 ZIEL+RABATT                          ZIEL+RABATT
  17 "========="                          "========="
  18
```

Aufgabe 5.4/3: Spalten 2 - 4 zu Tabelle Planung1.TAB in Formeldarstellung:

```
-1            2              3              4
   1
   2
   3
   4 "Planung"      "Statistik"    "Abweichung"
   5
   6 7000           7050           STAT-PLAN
   7 7100           7070           STAT-PLAN
   8 7200           7250           STAT-PLAN
   9 8500           8200           STAT-PLAN
  10 8500           8500           STAT-PLAN
  11 6900           7031           STAT-PLAN
  12 5010           5009           STAT-PLAN
  13 5900           6423           STAT-PLAN
  14 6800           6898           STAT-PLAN
```

15 7900	8059	STAT-PLAN
16 8240	8132	STAT-PLAN
17 8000	7905	STAT-PLAN
18		

Aufgabe 5.5/1: Spalten 1 - 3 zu Tabelle Jahr3.TAB als Erweiterung zu Tabelle Jahr2.TAB in Formeldarstellung:

-1	1	2	3
1	"Jahr3.TAB"		
2	"Jahresproduktionen		
3			
4	"RÜCKBLICK:"		
5		"1.Quartal"	"2.Quartal"
6			
7	"1985"	2200	11000
8	"1986"	2900	10100
9	"1987"	3100	12987
10	"1988"	2700	11600
11			
12	"Summe"	SUMME(QUART1)	SUMME(QUART2)
13	"Indexzahl"	QUARTSUM/GESAMT	QUARTSUM/GESAMT
14			
15	"PROGNOSE:"		
16	"1989 - 1"	SCHAETZ*INDEX	SCHAETZ*INDEX
17	"1989 - 2"	SCHAETZ*INDEX	SCHAETZ*INDEX
18	"1989 - 3"	SCHAETZ*INDEX	SCHAETZ*INDEX
19			

Spalten 4 - 6 zu Tabelle Jahr3.TAB in Formeldarstellung:

-1	4	5	6
1			
2			
3			
4			
5	"3.Quartal"	"4.Quartal"	"Jahrsumme"
6			
7	9090	9800	37090
8	9892	10298	39610
9	8911	9967	41974
10	9591	10000	39890
11			
12	SUMME(QUART3)	SUMME(QUART4)	SUMME(JAHRSUM)
13	QUARTSUM/GESAMT	QUARTSUM/GESAMT	SUMME(INDEX)
14			
15			

```
16 SCHAETZ*INDEX        SCHAETZ*INDEX        10000
17 SCHAETZ*INDEX        SCHAETZ*INDEX        15000
18 SCHAETZ*INDEX        SCHAETZ*INDEX        20000
19
```

Aufgabe 5.5/2: Tabelle Planung2 als Erweiterung zu Tabelle Planung1-
.TAB in Normaldarstellung:

```
 1 Planung2.TAB
 2 Soll-/Ist-Vergleich von Planungs- und Statistikdaten
 3
 4   Monat     Planung  Statistik Abweichung  Abw-%
 5 --------- --------- --------- --------- ---------
 6 Januar       1000       900      -100     -10,00
 7 Februar      1100      1150        50       4,55
 8 März         1200       990      -210     -17,50
 9 April        1300      1270       -30      -2,31
10 Mai          1300      1400       100       7,69
11 Juni         1300      1310        10       0,77
12 Juli         1250      1220       -30      -2,40
13 August       1250       998      -252     -20,16
14 September    1250      1400       150      12,00
15 Oktober      1500      1400      -100      -6,67
16 November     1500      1500         0       0,00
17 Dezember     1600      1650        50       3,13
18             ========= ========= =========
19             15550     15188      -362
20
```

Tabelle Planung2.TAB in Formeldarstellung:

```
-1        1           2           3           4             5
 1 "Planung2.TAB"
 2 "Soll-/Ist-Vergleich
 3
 4 "Monat"     "Planung"   "Statistik" "Abweichung"  "Abw-%"
 5 "---------" "---------" "---------" "---------"   "---------"
 6 "Januar"      1000        900       STAT-PLAN     ABWEICH*100/PLAN
 7 "Februar"     1100       1150       STAT-PLAN     ABWEICH*100/PLAN
 8 "März"        1200        990       STAT-PLAN     ABWEICH*100/PLAN
 9 "April"       1300       1270       STAT-PLAN     ABWEICH*100/PLAN
10 "Mai"         1300       1400       STAT-PLAN     ABWEICH*100/PLAN
11 "Juni"        1300       1310       STAT-PLAN     ABWEICH*100/PLAN
12 "Juli"        1250       1220       STAT-PLAN     ABWEICH*100/PLAN
13 "August"      1250        998       STAT-PLAN     ABWEICH*100/PLAN
14 "September"   1250       1400       STAT-PLAN     ABWEICH*100/PLAN
15 "Oktober"     1500       1400       STAT-PLAN     ABWEICH*100/PLAN
```

16 "November"	1500	1500	STAT-PLAN	ABWEICH*100/PLAN
17 "Dezember"	1600	1650	STAT-PLAN	ABWEICH*100/PLAN
18	"========="	"========="	"========="	
19	SUMME(PLAN)	SUMME(STAT)	SUMME(ABWEICH)	
20				

Aufgabe 5.6/1: WENN-Funktion zur Bildung von Alternativen:
  a) Durch WENN-Funktionen: siehe b).
  b) Spalte 2 zu Tabelle MietPKW4.TAB in Formeldarstellung:

```
-1                              2
 1
 2
 3
 4 "Angebot 1"
 5
 6 100
 7 0,1
 8 200
 9
10 WENN(Z12S2<Z(-2)S;Z(-4)S;Z(-4)S+(Z12S2-Z(-2)S)*Z(-3)S)
11
12 250
13
14
15 WENN(Z(-5)S=MIN(bezahlen);Z(-5)S;" ")
16 WENN(Z(-6)S=MAX(bezahlen);Z(-6)S;" ")
17
```

Spalte 3 zu Tabelle MietPKW4.TAB in Formeldarstellung:

```
-1                                3
 1
 2 "wagen. Funktionen"
 3
 4 "Angebot 2"
 5
 6 108
 7 0,08
 8 100
 9
10 WENN(Z12S2<Z(-2)S;Z(-4)S;Z(-4)S+(Z12S2-Z(-2)S)*Z(-3)S)
11
12
13
14
15 WENN(Z(-5)S=MIN(bezahlen);Z(-5)S;" ")
16 WENN(Z(-6)S=MAX(bezahlen);Z(-6)S;" ")
```

Spalte 4 zu Tabelle MietPKW4.TAB in Formeldarstellung:

```
  -1                           4
     1
     2
     3
     4 "Angebot3"
     5
     6 89
     7 0,13
     8 300
     9
    10 WENN(Z12S2<Z(-2)S;Z(-4)S;Z(-4)S+(Z12S2-Z(-2)S)*Z(-3)S)
    11
    12
    13
    14
    15 WENN(Z(-5)S=MIN(bezahlen);Z(-5)S;" ")
    16 WENN(Z(-6)S=MAX(bezahlen);Z(-6)S;" ")
    17
```

Aufgabe 5.6/2: Bildung von Iterationen:
   a) 1. Endlosschleife, 2. ITERATION=ja über Befehl ZUSÄTZE ein-
       stellen, 3. Endebedingung angeben und 4. Endebedingung mit dem
       Anfangswert FALSCH.
   b) Beliebige Funktion in Z7S2 von Tabelle Iterat1.TAB schreiben.
   c) DELTA-Funktion zur automatischen Prüfung der Abweichung.

Aufgabe 5.6/3: Makrogeführter Dialog in Tabellen.
   a) Autoexec als Namen einführen.
   b) Ja.

Ekkehard Kaier, **Informatik**, Lösungsheft, 2., überarbeitete u. erweiterte Auflage

Ursprünglich erschienen bei Friedr. Vieweg & Sohn Verlagsgesellschaft mbH, Braunschweig 1990

Umschlaggestaltung: Hanswerner Klein, Leverkusen

ISBN 978-3-528-14677-1   ISBN 978-3-322-93932-6 (eBook)
DOI 10.1007/978-3-322-93932-6